Bernd Wieland (Hrsg.)
Cars and Stripes
Legendäre US-Klasiker

Bernd Wieland

Cars
and
Stripes

Legendäre
US-Klassiker

Motor Klassik

Motor buch Verlag

Einbandgestaltung:
Louis Dos Santos unter Verwendung von Motiven
von H. D. Seufert

Copyright by Motorbuch Verlag,
Postfach 103743,
70032 Stuttgart.
Ein Unternehmen der Paul Pietsch-Verlage GmbH + Co

1. Auflage 2003

ISBN 3-613-02304-0

Lektorat: Joachim Kuch
Innengestaltung: Schwertberger GmbH, Kaisheim
Reproduktionen und CTP: Schwertberger GmbH, Kaisheim
Druck: Schwertberger GmbH, Kaisheim
Bindung: Conzella, Pfarrkirchen
Printed in Germany

Inhaltsverzeichnis

Vorwort

»Das Leben beginnt mit acht Zylindern«, hat der bekannte Auto-Journalist und Motor Klassik-Autor Fritz B. Busch einmal ausgerufen – am Steuer eines der »leisen Riesen«, wie er die Ami-Klassiker liebevoll nennt. Sie starben aus wie die Dinosaurier. Beide Geschöpfe waren zu groß geraten, drei Parklücken hintereinander sollten es in Europa für einen Caddy schon sein. Doch die geplagten Besitzer wurden reich entschädigt.

▶ **Bernd Wieland**

Kein anderes Automobil erzeugt eine solche Aura der Gelassenheit wie ein amerikanischer V8. Schon knapp über Leerlaufdrehzahl steht wegen des großen Hubraums eine riesige Drehmomentwoge zur Verfügung. Alle Hektik fällt vom Fahrer ab. Er fährt nicht, er gleitet. Jeder leise Druck aufs Gaspedal setzt soviel Power frei, dass man auch als Pilot an Statur gewinnt. Und das ohne jeden Krawall, mit diesem unvergleichlichen betörenden tiefen wohltönenden Brabbeln.

»Du schwebst auf einer Wolke, die ein Engel schiebt«, schrieb Busch von drüben nach einer seiner vielen Testfahrten in einem der Drehmomentgiganten. Geräuschlos fließt die Kraft über die weich schaltende Automatik zu den hinteren Antriebsrädern. Ami fahren heißt relaxtes Cruisen. Die Kinder spielen im riesigen Laderaum des Kombi verstecken, während Daddy den Tempomat auf das 55 mph-Limit einstellt und Rock & Roll aus dem Radio tönt. In kaum einem Auto macht einem ein Tempolimit weniger zu schaffen als in einem US-Klassiker, weil man sowieso nicht schneller fahren würde. Und weil das so ist, stören auch die schwachen Bremsen nicht.

Auch mit ihren hinreißenden Formen haben die Automobile aus der neuen Welt Maßstäbe gesetzt. Mustang und Corvette sind Design-Ikonen ihrer Zeit, und keine Firma hat zwischen den dreißiger und den fünfziger Jahren so viele skurrile und wegweisende Designprototypen geboren wie General Motors. Die gigantischen Sputnik-Heckflossen der Sechziger sind Erinnerung an eine andere, spielerische Zeit. US-Cars sind vielleicht weniger funktionell und weniger vernünftig als andere. Aber sie sind ganz bestimmt nicht langweilig, und sie haben Charakter. Ihren Besitzern darf man getrost einigen Humor unterstellen.

Auch finanziell passt ein Ami-Oldtimer dank der Oldtimerkennzeichen heute ins Budget. Nicht einmal 200 Euro kostet eine Oldie-Nummer pro Jahr für einen Boliden mit sieben oder acht Litern Hubraum. Da lässt sich selbst der Benzinverbrauch verschmerzen. Damit scheint Ihr Überleben, im Gegensatz zu den Dinosauriern, endlich gesichert. Genießen Sie diesen Band, und lassen Sie sich verzaubern, von den schönen, leisen Riesen.

1931

Cadillac V16

Hollywood-Schaukel

▸ *Ein Cadillac V16 kostete in den frühen 30er Jahren zwischen 5000 und 9000 Dollar. Für diese Summe gab es damals entweder ein Auto mit 16 Zylindern oder eine Villa mit acht Zimmern am Strand von Malibu und ein kleines Stück Pazifik.*

▶ Der Cadillac V16 streckt sich als Five-Passenger Phaeton 5,65 Meter. 165 PS sind gut damit beschäftigt, die zweiein-halb Tonnen zu beschleunigen. Als Trost über die relative Unerreichbarkeit des Sechzehnzylinders hilft die Gewissheit, dass er alle 100 Kilometer 40 bis 50 Liter Sprit braucht.

Die Stars der frühen Tonfilme wohnen noch nicht im wohlfeilen Malibu. Sie haben noch genug damit zu tun, Beverly Hills und Bel Air zu besiedeln. Doch auch für die paar Meilen zwischen Residenz und Studio ist selbst bei der ansonsten reitenden Westernzunft ein exquisites Auto unerlässlich. Wer da noch auf dem Weg zum ersten Oscar und zu großem Reichtum ist, der wählt statt des unerschwinglichen Duesenberg Amerikas etablierte Marke Cadillac. Zumal des General Motors feine Tochter Cadillac 16 Zylinder billiger anbietet als der Duesie seine acht.

Es herrschte damals schon, vor mittlerweile über 70 Jahren, eine Zylinderinflation, wie sie in einer nahen Zukunft erneut beschworen werden soll. Der Käufer eines Cadillac kann zwischen acht, zwölf und sechzehn wählen. Und bei der Vielfalt der Zylinder gibt es durchaus Konkurrenz. Auch die längst verblichenen amerikanischen Marken Marmon und Peerless haben 16-Zylinder im Angebot.

Alle drei Firmen aber stürzen sich zum denkbar ungünstigsten Zeitpunkt in das extreme Zahlenspiel. Die Entwicklung der Monstermaschinen beginnt in dem noch sonnigen Wirtschaftsklima der zweiten Hälfte der Roaring Twenties. Als dann aber an jenem Schwarzen Freitag, der auf den 25. Oktober 1929 fällt, die Weltwirtschaftskrise ausbricht und Schluss mit Lustig ist, sieht die Zukunft der Zylinder-Multis eher finster aus.

Wie es in diesen frühen Jahren zu dieser unerhörten Topfvermehrung kommen konnte, war nicht allein eine Frage von Prestige. Es hat natürlich damals schon den Menschen Spaß gemacht, des Nachbars Auto durch Zylinderzahl und Leistung auszustechen. Aber die einstige Notwendigkeit der vielen Einheiten war auch aus der Unvollkommenheit des Menschen und der Technik geboren. Zum einen steht der Autofahrer seinerzeit noch auf Kriegsfuß mit dem Schaltgetriebe. Das Spiel über die Zahnflanken unsynchronisierter Radsätze mit Zwischengas und Zwischenkuppeln geht nur wenigen Experten leicht von der Hand und vom Fuß. Und die ersten Versuche mit den Synchronringen halten kaum, was sie versprechen.

Gegen solches Ungemach sind viele Zylinder ein gutes Rezept. Denn die schnelle Folge der Arbeitstakte macht die Motoren elastisch. Die Schalterei wird zur Nebensache. In der Ebene lässt sich so ein Sechzehnzylinder im dritten von drei Gängen anfahren.

Einen Bedarf an Vielfalt sieht das Marketing von Cadillac vor 70 Jahren nicht allein bei den Zylindern. Bei diesen Autos für die Reichen und die Schönen dürfen sich die Stilisten darum bemühen, es einfach jedem recht zu machen.

In den Katalogen von Cadillac lassen sich in den Jahren 1930/31 rund 20 Karosserie-Varianten finden, von denen einige übrigens nie gebaut werden. Wer aber in der Kollektion nicht das Richtige findet, kann ein komplettes Chassis kaufen und das von einem der freien Karosseriebauer einkleiden lassen. Das ist viel Aufwand für eine kleine exklusive Produktion, die in den Jahren 1930/31 nur 3251 Cadillac V16 erreicht. Ganze 86 Stück davon können zur exquisiten Gattung der Phaetons gerechnet werden, zu der auch unser Foto-Modell zählt.

Die Firma Fleetwood, eine der ersten Adressen dieser Branche (sie gehört 1930 bereits zu General Motors), ist immer noch für das beste Bodybuilding bei GM zuständig. Sie hat diesem Cadillac V16 den Maßanzug eines Five-Passenger-Phaetons entsprechend der Stilvorlage 4260 verpasst.

Die auffällige Staatskarosse in prächtigem Tomatenrot kommt zu einem Preis von knappen 7000 Dollar nicht auf den Sunset Boulevard von Hollywood. Dort präsentieren sich die Ladies und die Gentlemen lieber in zweisitzigen Roadstern. Der in seiner Offenheit fürs sonnige California wie geschaffene Cadillac bringt 1931 vielmehr etwas Farbe in den regnerischen Bundesstaat Oregon. Der Cadillac überlebt dort jenen Holzbaron, der ihn einst kaufte. Seine Witwe fährt ihn noch gelegentlich, bis sie mit 80 Jahren einsieht, dass der Umgang mit 2,5 Tonnen ohne Servolenkung für eine alte Dame doch ein wenig mühevoll ist. Also hält sie es mit Elvis Presley und schickt das gute Stück »Return to Sender«.

So gelangt der Phaeton als erster und einziger Sechzehnzylinder in das kleine Museum von Cadillac in Detroit. Das Rot der frühen Jahre ist schon leicht verblichen, doch bis auf eine neue Lackierung fehlt dem gepflegten Schmuckstück nicht viel.

Jedenfalls nimmt der Sechzehnzylinder seine lange

▶ **Großes Gepäck muss auf der Kofferbrücke draußen bleiben. Eine Flying Lady auf dem Kühler gab es in alter Zeit auch bei Cadillac.**

Zündfolge – 1, 8, 9, 14, 3, 6, 11, 2, 15, 10, 7, 4, 13, 12, 5, 8 – auf Befehl des Anlassers willig auf. Auf jeder Seite versorgt ein Vergaser acht Zylinder. Gewisse Ungerechtigkeiten in der Gemischverteilung sind da kaum zu vermeiden und auch nicht ganz zu überhören: Die Erwartung eines Rundlaufs wie von Samt und Seide erfüllt der Cadillac V16 nicht.

Ein Muster an Elastizität ist der alte Sechzehnender immer noch. Das Anfahren im dritten Gang gelingt mit viel

▶ **Die Krone der Schöpfung: Dieses Emblem blieb den 16-Zylindern vorbehalten. Neben Cadillac boten auch die Hersteller Marmon und Peerless entsprechend üppig motorisierte Luxuswagen an.**

▶ Kraft und Herrlichkeit zur Unzeit:
Der Cadillac mit Fleetwood-Karosserie und
16 Zylindern erschien rechtzeitig zur Weltwirtschaftskrise. Nur 3251 Exemplare des V16
erschienen in den Krisenjahren 1930/31.

▶ **Die beiden Reserveräder wie auch die lenkbaren Kurvenscheinwerfer wurden beim Cadillac 16V extra berechnet.**

Gefühl. Das Beschleunigen aus Schritttempo in Stufe drei ist dann reine Routine. Die folgende Beschleunigung lässt eine gewisse Nachdrücklichkeit nicht vermissen. Dass an deren Ende 100 miles per hour stehen können oder Tempo 160, beschäftigt angesichts des Werts dieses Cadillac heute keinen mehr. Vor 70 Jahren kam es einigen »ehrenwerten Herren« in Chicago aber ziemlich darauf an.

Die geschmeidige Kraft, die aus den untersten Etagen der Drehzahl kommt, erzielt der Cadillac V16 mit klarer und einfacher Technik. Die mächtige Maschine von 1,30 Meter Länge besteht in allen ihren wesentlichen Teilen aus schlichtem Gusseisen, was in einem Gewicht von 590 Kilogramm zum Ausdruck kommt.

Die schlanke Bauweise mit dem Zylinderwinkel von 45 Grad lässt in der Mitte wenig Platz. Deshalb sind Ansaugsystem und Auspuffkrümmer an den Außenseiten angebracht. Die Betätigung der 32 hängenden Ventile erfolgt vor 70 Jahren schon nach dem bis heute üblichen amerikanischen Prinzip. Eine Nockenwelle zentral im Motorblock öffnet die Ventile über Stößel, Stößelstangen und Kipphebel. Ein hydraulischer Ventilspielausgleich und ein folglich ziemlich wartungsfreier Ventiltrieb existieren damals schon. Die lange Kurbelwelle ist nur fünf Mal gelagert – wie bei einem aktuellen V8. Zwischen jeweils zwei Lagern liegen zwei Kurbelwellen-Kröpfungen, die vier Pleuel in Betrieb halten.

Die Kolben bestehen hier genau wie die sie umgebenden Zylinder aus schwerem Grauguss, was in Amerika noch lange üblich bleibt. Mit drei Zoll für die Bohrung und vier Zoll für den Hub lassen die internen Daten einen scharfen Blick für klare Werte erkennen. Das Gesamtvolumen von 452 cubic inch ergibt gut eingeschenkte 7,4 Liter. Doch nicht zuletzt weil in den Brennräumen das Gemisch nur maßvoll im Verhältnis 5,5:1 verdichtet wird, bleibt die Leistungsausbeute dezent. Für die frühen Motoren werden 165 PS bei 3200/min genannt, später gelingt es, 175 PS bei 3400/min zu erzeugen. Das Drehmoment ist dank des großen Hubraums schon damals mit 465 Newtonmeter bei 1600 Touren stattlich.

Unter den Museumshütern gilt der alte Cadillac als starker, aber überaus trinkfester Geselle. Mehr als vier, maximal fünf Meilen bewege er sich nicht mit einer Gallone, sagen sie. Angemessen großzügig aufgerundet macht das 40 bis 50 Liter pro 100 Kilometer. Die Redaktion von *Motor Klassik* hält das für einen von vielen Gründen, von einer Kaufberatung abzusehen.

Doch der ganz besondere Genuss, in einem Double Cowl Phaeton zu reisen, ist schon einen gewissen Aufwand wert. Schließlich gibt es hier zwei Roadster am Stück in einem Auto. Denn vorn findet sich ein separates Cockpit mit Windschutzscheiben und zwei Sitzen; und hinten wiederholt sich das mit einem weiteren abgeschlossenen

▶ **Der Sechzehnzylinder ist aus erster Hand und steht heute im kleinen, aber feinen Cadillac-Museum in Detroit. Bis auf eine neue Lackierung fehlt dem gepflegten Schmuckstück nicht viel.**

▶ Die gigantische V16-Maschine macht einen adretten, aufgeräumten Eindruck, allein die Ventildeckel sind aus Aluminium.

▶ Die Herrschaften im Fond hatten es gut – eigene Türen und eigene Instrumente, um den Chauffeur zu überwachen.

Cockpit, das eine per Kurbel versenkbare Windschutzscheibe, drei Sitze und eigene Instrumente hat.

Den Herrschaften in der vorderen Reihe bringt die zweite Windschutzscheibe nichts. Bei einigermaßen zügiger Fahrt zieht es ohne diese wie die sprichwörtliche Hechtsuppe und mit der zweiten Scheibe wie zwei Hechtsup-

pen. Die klassische Kleiderordnung mit Lederkappe und Stadium-Motorradbrille ist also Programm.

Ansonsten bietet das Cruisen mit dem Cadillac eine gediegen komfortable Fortbewegung. Der enorme Radstand von 3759 Millimeter schafft gute Voraussetzungen für ein schwebendes Gleiten. Die beiden starren Achsen stehen dem nicht im Weg, denn die vier Längsblattfedern sind von ausgeprägt sanftem Wesen. Jeder dieser Federn kommt ein Hebelstoßdämpfer zu Hilfe und nimmt bei dieser Aufgabe seinen Namen wörtlich. Hier werden Stöße gedämpft und nicht der straffe Bodenkontakt gesucht.

So ist der Umgang mit dem Cadillac alles andere als ein sportliches Unternehmen. Alles Fahren läuft hier sehr gelassen ab. Die Höchstgeschwindigkeit von 100 Meilen liegt irgendwo in weiter Ferne und in den USA auch jenseits aller Speedlimits. Und obwohl die raschen Richtungswechsel nicht die Stärke des Giganten sind, ist er in seinem langen Leben und in den vielen Wäldern Oregons um jeden Elch herumgekommen.

Die aktive Sicherheit besteht in der Hauptsache aus vier Bremsen, deren Trommeldurchmesser von 420 Millimeter die Hoffnung stärkt, dass zweieinhalb Tonnen zu bändigen sind. Übertragen wird die Fußkraft auf dem Pedal noch rein mechanisch, aber es gibt schon einen Unterdruck-Bremskraftverstärker, der die nötige Gewaltanwendung etwas mildert. So verläuft eine Ausfahrt mit dem alten Schluckspecht wie vor 70 Jahren hochherrschaftlich und bei einiger Umsicht wie in Abrahams Schoß. Nur eines muss der Fahrer des klassischen Kolosses unbedingt vermeiden – in die falsche Richtung zu geraten und zur Umkehr gezwungen zu sein. Denn jedes Wendemanöver gerät zum Abenteuer.

Die eben noch in geschmeidiger Fahrt zwar etwas indirekte, aber doch vom Kraftanspruch ganz genehme Lenkung verwandelt sich nahe dem Schritttempo in eine muskelzerrende Strapaze. Dennoch entwickelt der Wendekreis eine Größe, die jedes Navigationsgerät ansprechen lässt. Und um den Einsatz von erstem und Rückwärtsgang – beide sind gänzlich unsynchronisiert und also zähnefletschend – kommt man nicht herum. Chauffeure, die mit solchen Autos Umgang hatten, besaßen ganz zwangsläufig die Qualifikation zum Bodyguard.

Wie mag wohl die Lady ausgesehen haben, die mit einem arrivierten Holzfäller verheiratet war und dieses Auto, bis sie 80 Jahre alt wurde, gebändigt hat?

► **Vorn, wo der bezahlte Kutscher mit der Lenkung ringt, geht es schmal zu.**

Text: Clauspeter Becker
Fotos: Uli Jooß

Daten & Fakten Cadillac V16

► **Motor**
V-16, Winkel 45 Grad, Motorblock und Zylinderköpfe aus Grauguss, hängende Ventile, zentrale Nockenwelle, zwei Steigstromvergaser, Bohrung x Hub 76,2 x 101,6 mm, Hubraum 7410 cm³, Leistung 165 PS bei 3200/min, maximales Drehmoment 435 Nm bei 1600/min.

► **Kraftübertragung**
Hinterachsantrieb, teilsynchronisiertes Dreiganggetriebe.

► **Karosserie/Fahrwerk**
Offene Stahlblech-Karosserie auf Leiterrahmen, vorn und hinten Starrachsen mit Halbelliptik-Längsblattfedern und Hebelstoßdämpfer, vorn und hinten mit Unterdruckservo mechanisch betätigt. Reifendimension 7.00 x 19 oder 7.50 x 19.

► **Maße/Gewicht**
Länge/Radstand 5650/3759 mm, Spur 1511, Breite/Höhe 1890/1660 mm, Gewicht ca. 2400 kg.

► **Fahrleistungen/Verbrauch**
Höchstgeschwindigkeit ca. 170 km/h, Neupreis 6500 Dollar (zirka 27 500 Reichsmark ohne Zoll).

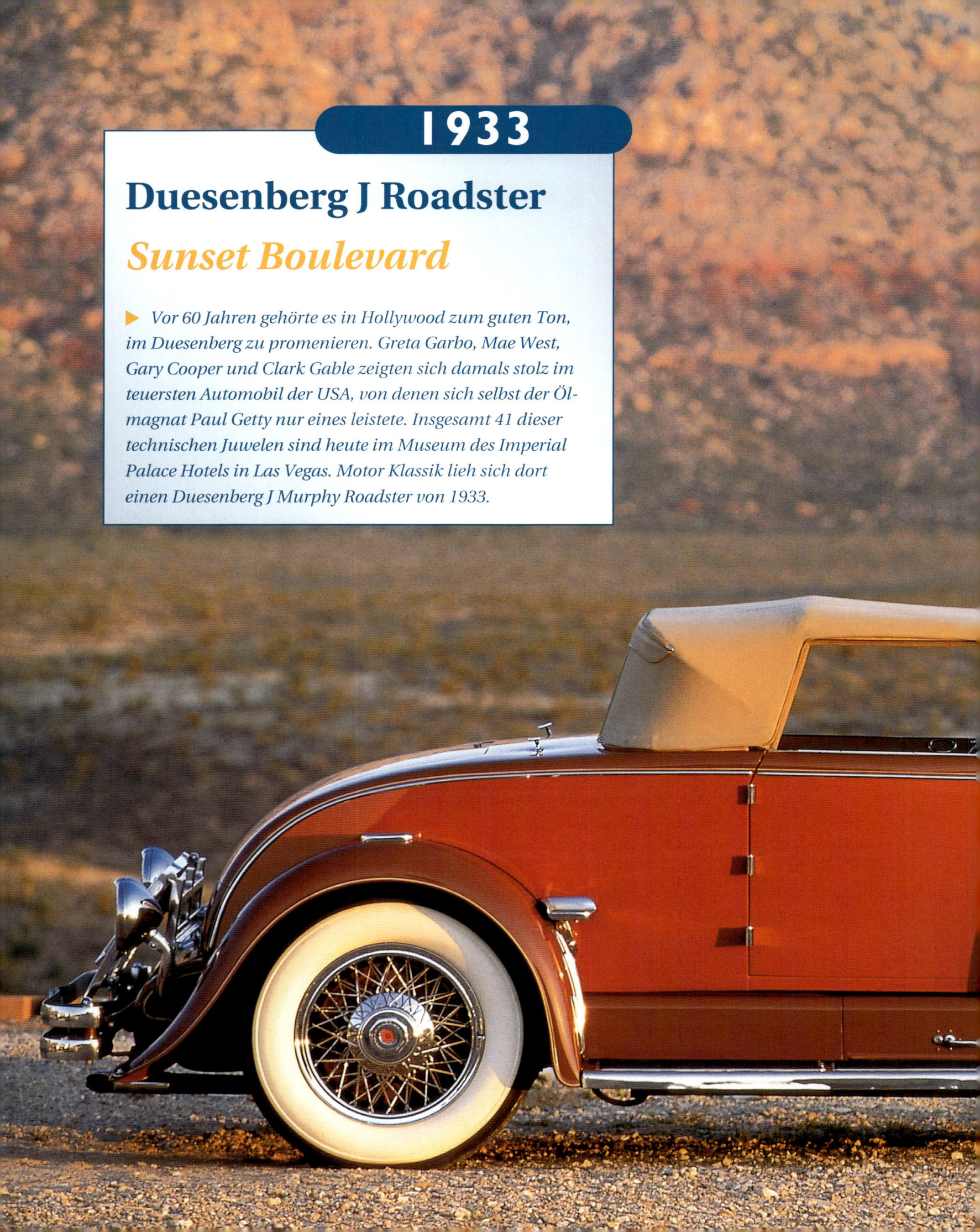

1933

Duesenberg J Roadster

Sunset Boulevard

▶ *Vor 60 Jahren gehörte es in Hollywood zum guten Ton, im Duesenberg zu promenieren. Greta Garbo, Mae West, Gary Cooper und Clark Gable zeigten sich damals stolz im teuersten Automobil der USA, von denen sich selbst der Öl- magnat Paul Getty nur eines leistete. Insgesamt 41 dieser technischen Juwelen sind heute im Museum des Imperial Palace Hotels in Las Vegas. Motor Klassik lieh sich dort einen Duesenberg J Murphy Roadster von 1933.*

▶ Der Duesenberg J gilt als Höhepunkt in der Geschichte jener Firma, die 1913 von zwei Bauernburschen aus Lippe-Detmold gegründet worden war und 1926 von Erret Lobban Cord übernommen wurde.

Wir dürfen uns den Sunset Boulevard in Kaliforniens Stadt der Engel vor 60 Jahren sehr viel ruhiger vorstellen als am Ende unseres Jahrhunderts. Die teuren Automobile der Eitlen und der Schönen von Hollywood cruisen noch von keinem Staub behelligt. Aber niemand rollt hier derart Respekt gebietend über den Asphalt wie einer der 472 Duesenberg J, die sich zwischen ihren Stoßstangen auf satte fünf Meter strecken, aber im elitären Stil von Hollywood vorwiegend als Roadster mit zwei Sitzen vorgeführt werden.

Ferner dürfen wir uns vorstellen, was passierte, wenn zu vorgerückter Stunde einer der Stars seinem automobilen Elefanten zwischen La Brea Avenue und La Cienega Boulevard das Gaspedal mal gehörig auf das Bodenblech getreten hat. Dann nämlich wurden mindestens 265 Pferdestärken wild. Und die mit Pferden zwangsläufig gut geübten Topstars konnten per Kompressor auch 320 horses einspannen.

Duesenbergs Werbung hat uns zur Vorstellung solcher Ampelsprints sehr realistische Daten hinterlassen, in denen der zweite, für eine lockere urbane Besiedlung besonders geeignete Gang, die erste Geige spielt. Zum Lobe des Kompressorlosen lautet die Reklame: 88 miles in second: 116 in top (142 km/h im zweiten Gang, 187 km/h im dritten und höchsten Gang). Natürlich macht der Kompressor die Texte und die Daten ganz erheblich forscher. In großen Lettern erwähnt die Werbung hier nur jene 104 mph (167 km/h) im zweiten. Der Hinweis auf mögliche 129 mph (208 km/h) im großen Gang steht weiter unten nur im klein Gedruckten.

Auch von der Beschleunigung ist hier die Rede: von null auf 100 Meilen in der Stunde (160,9 km/h) sprintet der junge Duesenberg in 20 Sekunden, und damit ist der Zweieinhalbtonner so temperamentvoll wie ein Mercedes C 230, ebenfalls mit Kompressor. Und während dessen Motor heute das Prädikat dezenter Kernigkeit erwirbt, ließ ein fitter Duesenberg damals aus seinem dekorativen Chromauspuff ein solches Donnerwetter fahren, dass in Beverly Hills die Oscars in den Vitrinen wackelten.

60 Jahre nach diesen wilden Tagen geht es dem Duesenberg wie dem gleich alten Film »Vom Winde verweht«. Er ist immer noch sehr lang, aber mit der Dramatik ist es nicht mehr ganz so toll wie früher. Der Murphy Roadster rollt zwar anmutig in das Morgengrauen der traumhaf-

Historie

▶ **1913**
gründen Fred und Augie Duesenberg ihre Firma Duesenberg Motor Company.

▶ **1920**
Der Duesenberg A geht als erstes Serienmodell in Produktion. Etwa 700 werden gebaut.

▶ **1924**
Jo Boyer gewinnt auf Duesenberg die 500 Meilen von Indianapolis.

▶ **1925**
Peter DePaolo gewinnt auf Duesenberg in Indianapolis.

▶ **1926**
Durch die Fusion mit Cord entsteht »Duesenberg Inc. Cord«.

▶ **1927**
George Souders gewinnt auf Duesenberg in Indianapolis, Zusammenschluss der Marken Auburn, Cord, Duesenberg und Lycoming.

▶ **1929**
Der Duesenberg J geht in Indianapolis in Produktion, die Triebwerke fertigt die Flugmotoren-Fabrik Lycoming.

▶ **1932**
Fred Duesenberg stirbt an Lungenentzündung.

▶ **1937**
Die Produktion von Duesenberg J läuft nach 472 Autos aus. Heute existieren noch 270, davon allein 82 mit der Roadster-Karosserie von Murphy.

▶ **Temperamentvoll wie ein Kompressor-Mercedes: Der immerhin zweieinhalb Tonnen schwere Duesenberg J stürmte in 20 Sekunden von null auf 100 Meilen in der Stunde. Die vier Trommelbremsen allerdings galten schon damals als hoffnungslos überfordert.**

ten Roadster-Kulisse des Red Rock-Parks von Nevada, aber die Kolben gleiten scheinbar mühevoll durch die Zylinder, und in den Pleuellagern wirkt er leicht rheumatisch. Er brüllt nur noch behutsam beim Beschleunigen. Und bis er wieder mal in alter Form in 20 Sekunden von null auf 160 kommt, werden mindestens 200 Arbeitsstunden rum sein. Aber die hat er verdient, schon weil er und weitere 472 Duesenberg J ein exklusives Kapitel der Autogeschichte geschrieben haben.

Die Suche nach dem Ursprung des unüberhörbar deutschen Namens Duesenberg führt nach Ostwestfalen ins Lipper Land in die Region um Detmold. Der junge Herr

Duesenberg erfährt dort 1876 die besondere Gnade, am Nikolaustag zur Welt zu kommen. Auf seinen preußischen Taufnamen Friederich muss er nicht lange hören. Als seine Familie wenige Jahre später nach Iowa in den USA auswandert, wird aus dem Fritz ein Fred, und Bruder August ruft man fortan Augie.

Die Duesenberg-Boys wachsen auf einer Farm auf, aber ihr Interesse gilt dem Technischen. Fred wird Mechaniker, repariert landwirtschaftliches Gerät. Bald gründet er ein eigenes Fahrrad-Geschäft, und seine latente Leidenschaft, Rennen zu fahren, lebt er als Zeitfahrer auf Radrennbahnen aus. Automobil-Konstrukteur wird er, ohne je eine Uni gesehen zu haben, zunächst bei der Marke Rambler in Kenosha, Wisconsin, später bei Mason Motor Car Co. in Des Moines, Iowa.

1913 gründen Fred und Augie die Duesenberg Motor Co. in St. Paul, Minnesota, der fortan der Bau von Motoren für Schiffe, Flugzeuge und Rennwagen obliegt. 1920 trägt man den ersten Weltrekord auf die Marke Duesen-

▶ Die elegante Murphy-Karosserie trägt eine Zweifarb-Lackierung, die in den dreißiger Jahren en vogue war. Mehr als die Hälfte aller Duesenberg-Karosserien entstanden nach Entwürfen von Duesenberg-Designer Gordon Buehrig, der auch das Kühlergrill-Emblem schuf. Duesenberg lieferte lediglich Motor und Chassis, die Karosserien schneiderten Firmen wie Bohmann & Schwartz, Judkins, Derham, La Grande oder Le Baron.

berg ein: Tommy Milton fährt auf dem Strand von Daytona eine Meile mit 251,6 km/h. Die ersten kompletten Autos der Marke gibt es ab 1921. Und schon jetzt ist die Absicht, Maßstäbe zu setzen, klar: Der Reihenachtzylinder leistet 100 PS, und zur Bändigung des Temperaments steht erstmals in einem amerikanischen Serienauto eine hydraulische Vierradbremse zur Verfügung. Drei Siege bei den 500 Meilen von Indianapolis (1924, 1925 und 1927) festigen den Ruhm von Duesenberg.

Da der Trend zu fusionieren vor 70 Jahren schon recht rege ist, arrangiert der Autoboss E. L. Cord 1926 einen Zusammenschluss, aus dem die Firma Duesenberg Inc. Cord hervorgeht. Ein Jahr später nimmt Cord die Unternehmen Lycoming Motors, Auburn Automobile Co. und Limousine Body of Kalmazoo in sein Imperium auf. Und er bittet Fred Duesenberg, das größte, schnellste und stärkste Serienauto der Welt zu konstruieren.

Das Ergebnis ist der Duesenberg J. Die Dimensionen dieses Automobils sind gigantisch. Der Radstand eines kurzen Duesenberg ist mit 3620 Millimetern definiert, der lange streckt sich über 3899 Millimeter. Der Preis für das Chassis liegt 1929 bei 8500 Dollar (das Stück zu 4,20 Reichsmark) und steigt bis 1931 auf 9500 Dollar. Das günstigste Komplettauto ist 1932 der Murphy-Convertible-Roadster für 13 500 Dollar. Etwas mehr sollen Herrschaften von der Zahlungskraft eines Prince Sahibzada Nawob Azum of Hyderabad ausgegeben haben. Den teuersten Duesenberg fährt der Prediger »Devine«: 25 000 Dollar. Einen Cadillac V 16 gibt es zur gleichen Zeit ab 4500 Dollar und einen Mercedes SSK zwischen 30 000 und 40 000 Reichsmark.

Die Duesenberg bieten für das viele Geld vor allem ein sagenhaftes, bei Lycoming produziertes Triebwerk. Der Reihenachtzylinder schöpft aus 95,25 Millimeter Bohrung und 120,6 Millimeter Hub Kraft spendendes Volumen satt: 420 cubic inches oder 6871 Kubikzentimeter. Die Konstruktion des Motors ist der Zeit voraus: Der Leichtmetall-Zylinderkopf ziert sich mit zwei oben liegenden Nockenwellen, die über Tassenstößel zwei Einlassventile (47,6 mm Durchmesser) und zwei Auslassventile (38 mm Durchmesser) pro Brennraum betätigen. Die acht Brennräume werden bei Lycoming grundsätzlich feinbearbeitet, damit die Verdichtung von 5,2:1 in

▶ Seiner Zeit voraus: Der Duesenberg war eine technische Meisterleistung mit zahlreichen fortschrittlichen Details. Der potente Reihenachtzylinder allerdings war schneller als das Fahrwerk, am wohlsten fühlte sich ein Duesenberg beim Cruising.

allen Töpfen gleich ist. Um den Donner der acht Zylinder auf ein legales Maß zu dämpfen, ist ein Schalldämpfer von 1,37 Meter Länge erforderlich.

Die 6,9-Liter-Maschine verblüfft 1929 die Autowelt mit 265 PS bei flotten 4200 Touren. Dagegen sieht ein Chrysler Imperial 80, der sich eben noch im Vollbesitz von 112 Pferdestärken als America's Most Powerful Car rühmt,

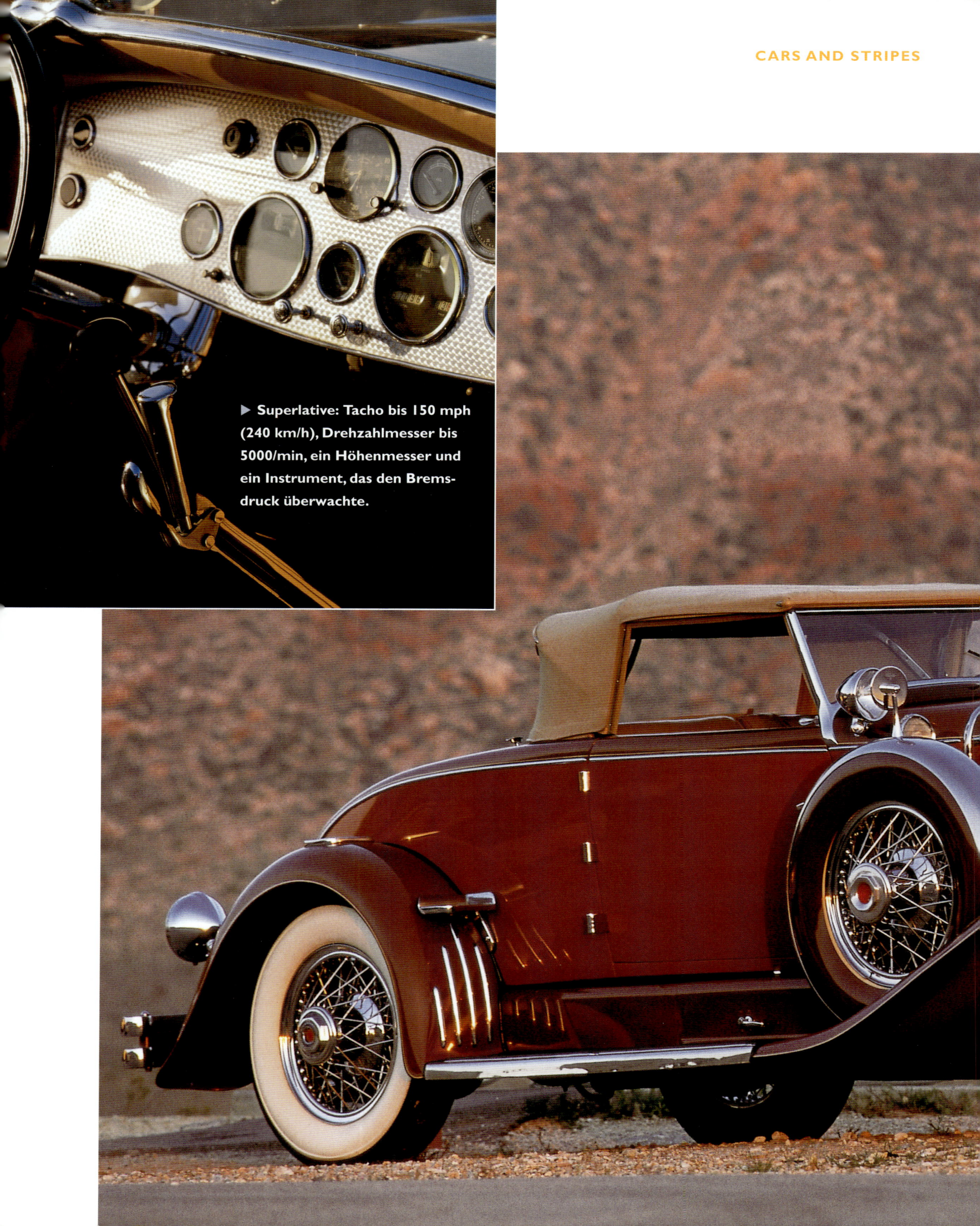

▶ Superlative: Tacho bis 150 mph (240 km/h), Drehzahlmesser bis 5000/min, ein Höhenmesser und ein Instrument, das den Bremsdruck überwachte.

▶ **Die Oberen Zehntausend:** Anfang der dreißiger Jahre
fuhren die Hollywood-Stars mit Vorliebe Duesenberg,
und manche bekamen davon nie genug: Clark Gable
hatte gleich vier davon in seiner Garage.

▶ Cords Auftrag an die Duesenbergs war klar: Sie sollten schlicht und ergreifend das beste Fahrzeug der Welt produzieren. Und das taten Fred und Augie Duesenberg auch. Sie führten beim Typ J zwei obenliegende Nockenwellen ein und bestückten die Reihenachtzylinder der stärkeren SJ-Typen mit einem Kompressor. Die Motoren entstanden bei Lycoming, ebenfalls Teil des Cord-Imperiums.

ziemlich schwach aus. Selbst die stärksten Stücke von Mercedes haben das Nachsehen, denn über die Latte, die Duesenberg gelegt hat, kommen sie nur mit Kompressor. Und damit kann der amerikanische Freund bei höherem Kraftbedarf auch dienen. Unter der Bezeichnung SJ (S wie Supercharger) und gegen 2250 Dollar – oder schlanke 10 000 Reichsmark – Aufpreis ist Duesenberg mit 320 PS zu Diensten. Die aber gönnen sich nur 37 Kunden.
Die wahren Möglichkeiten eines solchen Kompressormotors stellen 1935 David Abbot Jenkins und Tony Gilotta auf den Bonneville Salt Flats in Utah unter Beweis.

▶ Hinter diese imposanten Kühlergrill wartet ein Achtzylinder mit doppelten Nockenwellen, 32 Ventilen und imposanten 1,20 Metern Länge. Die mitlenkenden Scheinwerfer sind Sonderausstattung.

▶ Die Domäne des Duesenberg sind lange, aber durchaus zügige Touren über gerade Landstraßen und Highways.

Sie erreichen mit einem stromlinienförmigen Duesenberg einen Schnitt von 218 km/h über 24 Stunden. Auf seiner letzten Runde wird der Rekordwagen mit knapp 160 mph oder fast 255 km/h gemessen.
Aber das Ende der Marke beginnt sich 1932 nach dem Tod von Fred Duesenberg abzuzeichnen. Das Aus kommt fünf Jahre später: Nach dem Verkauf des Konzerns endet die Produktion der Autos von Duesenberg, Cord und Auburn.

Text: Clauspeter Becker
Fotos: Ulli Jooß

Daten & Fakten Duesenberg J Roadster

▶ **Motor**

Reihenachtzylinder, Hubraum 6871 cm³, Bohrung x Hub 95,25 x 120,6 mm, Leistung 265 DIN-PS bei 4200/min, mit Kompressor 320 PS, vier Ventile pro Brennraum, betätigt durch zwei oben liegende Nockenwellen und Tassenstößel, ein Schebler Duplex-Vergaser

▶ **Kraftübertragung**

Hinterachsantrieb, Dreigang-Schaltgetriebe.

▶ **Karosserie/Fahrwerk**

Profilstahl-Rahmen, Karosserie aus Stahlblech und Aluminium, Radführungen: vorn und hinten Starrachsen mit Blattfedern und hydraulischen Stoßdämpfern, hydraulisch betätigte Trommelbremsen.

▶ **Maße/Gewicht**

Radstand 3620 mm oder 3899 mm, Gewicht 2250 bis 2750 kg.

▶ **Fahrleistungen**

0-160 km/h in 20 s, Höchstgeschw. (ohne/mit Kompr.) 187/208 km/h.

▶ **Bauzeit/Stückzahl**

1929-37, 470 Exemplare.

▶ So fährt der Fortschritt:
Mit dem Airflow begann das
Stromlinien-Zeitalter im
Großserien-Bau.

Chrysler Imperial C10 Airflow

Ruhm und Air

▶ *Nicht viele Fahrzeuge haben die automobile Landschaft in den USA so verändert wie der Airflow von 1934, auch wenn er heute fast unbekannt ist. Der aerodynamische Chrysler machte dem Ruhm des Konzerns als technischer Vorreiter alle Ehre – und führte ihn beinahe in den Konkurs.*

Der Chryler steht einfach so da, riesengroß, aber ein wenig bescheiden und traurig. Als wisse er, dass er eine bessere Welt verdient hätte als jene, die er bei seinem Debüt vorfand – die USA der Depression, der ersten Präsidentschaft Franklin D. Roosevelts und des gerade beginnenden New Deal.

Sein grüner Lack glänzt ein wenig stumpf und mit einem Hauch von Metallic-Effekt. Das Gesicht mit den triefäugigen Scheinwerfern und dem wie ein Wasserfall über die gerundete Haube fließenden Kühlergrill ist zur Sonne gewandt. Dieses Auto war eine technische Revolution, doch das sieht man ihm heute nicht an. Man merkt es erst beim Fahren. Denn der Chrysler ist schnell, trotz seiner nur 130 PS aus 5,3 Litern Hubraum. Er rollt sanft über Unebenheiten, die synchronisierten Gänge rasten bei etwas bedächtigerem Schalten auch ohne Zwischengas geräuschlos ein. Wenn die Tachonadel die 45-Meilen-Markierung passiert hat, reicht kurzes Gaswegnehmen, um den Overdrive einzuschalten. Und der Geradeauslauf bleibt selbst dann noch tadellos, wenn die Nadel der 60 entgegenstrebt. Trotz all dieser Vorzüge wurde der Airflow ein Flop. Aber das ist eine lange Geschichte. Sie beginnt mit ei-

▶ **Design-Kunst: Auch in Details weiß sich der Airflow der Stromlinie verpflichtet.**

nem Eisenbahnmechaniker names Walter P. Chrysler, der sich 1908 mit geliehenem Geld sein erstes Auto kaufte, nur elf Jahre später Vizepräsident von General Motors und 1924 Besitzer einer eigenen Autofabrik war.

Dass die Marke Chrysler auf Anhieb ein Erfolg war, ver-

Historie

▶ **1929**
Nach ausgiebigen Windkanalversuchen mit verschiedenen Karosserieformen entsteht der Prototyp Trifon Special, der direkte Vorläufer des Airflow.

▶ **1932**
Geheime Fahrversuche in Michigan mit Airflow-Prototypen. Walter P. Chrysler ordnet Serienfertigung für 1934 an.

▶ **1934**
Im Januar wird die Airflow-Baureihe in mehreren Karosserievarianten als DeSoto, Chrysler und Chrysler Imperial vorgestellt. Die Serienfertigung läuft im April an, die Verkaufszahlen fallen nach viel versprechendem Beginn.

▶ **1935**
Erstes Facelift, Scheinwerfer und Kühlergrill werden geändert. Die Airstream-Baureihe ergänzt das Modellprogramm von Chrysler und DeSoto.

▶ **1936**
Erneutes Facelift, die superteure Imperial CW-Limousine entfällt. Ende des Jahres wird auch die DeSoto-Produktlinie eingestellt.

▶ **1937**
Ende der Produktion des Chrysler Airflow. Die Stückzahl betrug 48 415 (alle Airflow-Versionen).

dankte sie auch drei genialen Ingenieuren, die Chrysler bei Willys-Overland kennen gelernt hatte: Carl Breer, Owen Skelton und Fred M. Zeder. Durch ihr Know-how waren Chrysler-Produkte technisch up to date, blieben aber dennoch preiswert. Zu Beginn der dreißiger Jahre war Chrysler bereits ein Konzern, zu dem neben dem Toplabel Chrysler auch die Marken DeSoto, Dodge und Plymouth gehörten.

Carl Breer war es, der – so will es die Legende – beim Betrachten von Flugzeugen auf die Idee kam, zu unter-

▶ **Die Ikone des Stromlinien-Zeitalters war ein wirtschaftlicher Misserfolg, hatte aber Folgen: Der erste Toyota von 1936 war eine Airflow-Kopie, und auch Fiat und Peugeot folgten der von Chrysler eingeschlagenen Richtung.**

▶ Der Imperial-Sechssitzer wurde im Laufe seiner kurzen, aber erfolglosen Karriere mehrmals überarbeitet. Doch auch das Facelift des Jahres 1936 änderte nichts am mangelnden Zuspruch der Kunden.

▶ **Kunstwerk im Art-Déco-Stil: das Armaturenbrett des Chrysler.**

suchen, wie man Automobile aerodynamisch optimieren könnte. Er baute in Zusammenarbeit mit Flugpionier Wilbur Wright in Dayton in der Nähe der Werkstätten der Wright-Brüder einen kleinen Windkanal, in dem sie mit Holzmodellen die Strömungseigenschaften verschiedener Bauformen testeten. Dabei erkannte Breer, dass die meisten Modelle einen geringeren Luftwiderstand aufwiesen, wenn man sie rückwärts in den Windtunnel stellte.

Bei Neukonstruktionen müsse man also einen Großteil der Fahrzeugmasse nach vorn verlagern, um so der idealen Tropfenform näher zu kommen, lautete seine Schlussfolgerung. Genau das geschah dann beim Prototypen Trifon Special, der Vorstufe des Airflow von 1929. Der Motor wanderte von seinem angestammten Platz hinter der Vorderachse ein paar Zoll nach vorn zwischen die Vorderräder. So konnte auch die Fahrgastzelle in Richtung Bug verschoben werden. Und als weiterer Vorteil fand die Fondsitzbank vor der Hinterachse Platz.

Die Fahrversuche mit dem Trifon verliefen sehr erfolgreich, weshalb das Techniker-Team um Breer das Projekt weiter entwickelte. Im Herbst 1932 präsentierte man schließlich den ersten Airflow-Prototypen dem obersten Boss. Walter P. Chrysler war begeistert. Er ordnete an, sofort mit den Vorbereitungen zur Serienfertigung zu beginnen. Im Januar 1934 sollte der Airflow als

teurer Chrysler oder Imperial mit Achtzylinder-Reihenmotor und als preiswerter DeSoto mit Sechszylinder-Maschine präsentiert werden.

Die Ingenieure stimmten freudig, aber etwas voreilig zu. Ursprünglich sollte der Airflow unter dem DeSoto-

▶ Kennzeichen des Chrysler Eight war der von außen zugängliche Kofferraum. Die zweitürigen Airflow dagegen (»Six Passenger Coupé«) konnten nur von innen beladen werden.

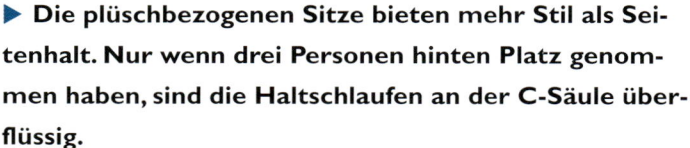

▶ **Die plüschbezogenen Sitze bieten mehr Stil als Seitenhalt. Nur wenn drei Personen hinten Platz genommen haben, sind die Haltschlaufen an der C-Säule überflüssig.**

Label gebaut werden, jetzt galt es, in nur wenigen Monaten eine komplett neue Produktlinie serien- und fertigungsreif zu entwickeln.

Denn auch unter dem auffällig geformten Blech bot der Airflow viele technische Neuerungen. So verzichtet der Wagen auf ein konventionelles Chassis. Hingegen bildet eine rohrrahmenähnliche Konstruktion das Rückgrat des Airflow, die Karosseriebleche sind mit dem Gitter verschweißt.

Um die Stabilität der neuartigen Rahmenbauweise zu demonstrieren, ließen die Chrysler-Werber übrigens einen Airflow über eine Klippe fahren. Das fast unbe-

schädigte Auto landete auf den Rädern und konnte die Fahrt fortsetzen. Was der Werbefilm nicht zeigte: Es bedurfte mehrerer Versuche mit mehreren Airflow, bis der Stunt klappte.

Doch das war nur ein Teil des riesigen Werbefeldzugs, mit dem Chrysler den ersten öffentlichen Auftritt des Airflow in New York begleitete. Weitere Filme, Broschüren und Anzeigen versuchten, das Publikum auf diese völlig neue Art des Automobils einzustellen. »Auf Wiedersehen, pferdelose Kutsche – hier ist der neue DeSoto Airflow«, hieß es etwa in einer ganzseitigen Zeitungsanzeige.

Doch obwohl das Interesse auf der Autoshow im Januar riesengroß war – rund 25 000 Verträge wurden abgeschlossen – zeichnete sich der Misserfolg der revolutionären Baureihe bereits ab. Wegen der überstürzten Markteinführung konnte Chrysler nicht liefern. Und nur wenige Kunden waren bereit, bis April auf ihren neuen DeSoto oder Chrysler zu warten. Zudem war das neue Auto alles andere als ein Sonderangebot. Eine De-Soto Airflow-Limousine kostete 995 Dollar, 200 Dollar mehr als das Vorgängermodell und 400 mehr als die billigsten Limousinen von Ford oder Chevrolet. Die Folgen waren dramatisch: 1934 halbierten sich die Verkaufszahlen von DeSoto, und auch die Chrysler-Versionen verkauften sich mehr als schleppend.

1935 ergänzte die konventioneller gestaltete Baureihe Airstream das Chrysler- und DeSoto-Programm. Die fand auf Anhieb mehr Resonanz. So wurden schon im ersten Jahr über 20 000 DeSoto Airstream gebaut, der Airflow hingegen fand nur 6800 Abnehmer.

Daran konnten auch jährliche Facelifts, enthusiastische Testberichte in der Fachpresse und unzählige Stockcar-Rekorde nichts ändern, der Airflow blieb ein Flop. 1937 liefen die letzten Exemplare von den Bändern in Highland Park bei Detroit. Nur die Airflow-Pickups von Dodge wurden bis in die vierziger Jahre gebaut.

Unser Exemplar, ein Chrysler Imperial C10, wurde 1936 gefertigt. Harvey Trolander aus Ohio hatte ihn für 1475 Dollar neu gekauft und fuhr damit bis 1999 rund 104 000 Meilen. Nach seinem Tod wurde der grüne Imperial dem Walter P. Chrysler Museum in Auburn Hills gestiftet.

Trolander hätte bestimmt seine Freude an dem Mu-

▶ **Schwebeklasse: das Airflow-Cockpit. Mit den Kurbeln werden die Scheibenwischer bedient.**

seumsauto. Es ist so unrestauriert, wie es ein solches Fahrzeug nur sein kann. Der Reihenachtzylinder läuft unhörbar und seidenweich, der automatische Overdrive schaltet sanft und ruckfrei in den Schnellgang, und Luft säuselt selbst bei 60 Meilen auf dem Art-Déco-Tachometer so leise an dem Chrysler vorbei, als erwiese sie der Stromlinienform den Respekt, den sie verdient.

Text: Heinrich Lingner
Fotos: Reinhard Schmid

Oldsmobile 68
Station Wagon

Holz-Klasse

▶ *Im Amerika der vierziger Jahre waren Fachwerk-Kombis keine banalen Lieferwagen, sondern Transporter des gehobenen Lebensstils. Mit einem Oldsmobile Woody ließ sich vor jedem Country-Club renommieren: Er zählte zu den Spitzenmodellen des Auto-Jahrgangs 1948.*

▶ Fachwerk-Liebhaber werden
ihm hoffnungslos verfallen: dem
Oldsmobile 68 Station Wagon.

Sie gehörten zu den ersten Oldtimer-Fans, die auf den breiten Freeway der Automobilgeschichte einbogen, aber wahrscheinlich war ihnen das egal. Ihr Leben bestand aus jenen bewegenden Mittelpunkten, die wir aus Dutzenden kalifornischer Teenager-Filme kennen: vorteilhaft gekurvte Freundinnen, Musik aus japanischen Transistorradios, gekühlte Getränke sowie Surfbretter, Surfbretter und Surfbretter.

All das musste die gebräunte Strandbevölkerung irgendwie vom Campus zum Meer transportieren. Und so gerieten die Beach Boys der frühen sechziger Jahre an die hölzernen Kombis der Vierziger, die es damals für eine Hand voll Dollars beim Gebrauchtwagen-Händler gab.

Die Surfer sorgten dafür, dass die Station Wagon bald keine billigen Kutschen mehr waren, sondern kostbarer Kult. Es war jene Entwicklung, die der Woody zum zweiten Mal in seiner Karriere erlebte: Denn schon in den vierziger Jahren beförderte er nicht nur Kinder, Gartengeräte und Großeinkäufe nach Suburbia, sondern auch den delikaten Duft der besseren Gesellschaft.

Leinwand-Größen wie Clark Gable saßen damals nicht auf den schwellenden Lederpolstern eines offenen Packard, sondern unter dem kunstlederbezogenen Eschenholzdach eines Dodge Suburban. Und Spencer Tracy chauffierte einen Chevrolet-Woody, den ihm General Motors als Morgengabe reichte: Tracy war 1941 zum populärsten Filmschauspieler Amerikas gekürt worden.

Dass auf den Ladeflächen der Fachwerk-Kombis keine Schweinehälften und Zementsäcke zu finden waren, hatte auch mit ihrem üppigen Kaufpreis zu tun: Meist führte er die Listen der US-Hersteller noch vor den Luxus-Cabriolets an. Der wahre Führungsanspruch der Glamour-Kombis aber wehte aus Amerikas Kutschwagen-Ära in die Neuzeit.

Tatsächlich ist der Station Wagon kein Retortenkind der Werbeabteilungen, die Amerikas Verbraucher mit Futu-

Historie

▶ **1923**
Die US-Automarke Star baut den ersten serienmäßigen Station Wagon der Automobilgeschichte.

▶ **1929**
Marktführer Ford nimmt die Station Wagon in sein Programm auf.

▶ **1938**
Oldsmobile startet die Erfolgs-Baureihe 60, ab 1939 auch mit automatischem Vierganggetriebe.

▶ **1939/1940**
Produktion der ersten 633 Oldsmobile-60-Station Wagon.

▶ **1942**
Die Fertigung von Personenwagen wird zu Gunsten der Rüstungsproduktion unterbrochen.

▶ **1945**
Oldsmobile stellt im Oktober den Modelljahrgang 1946 vor: Er entspricht bis auf minimale Karosserie-Retuschen den letzten Vorkriegstypen.

▶ **1947**
Die Gemischtbauweise kommt außer Mode: Chrysler präsentiert den ersten Station Wagon mit Dekor aus Holzattrappen. Oldsmobile liefert im Modelljahr 1947/48 noch einmal 1393 Woody aus.

▶ **1948**
Komplett neue Oldsmobile-Modellbaureihe: Der Kombi trägt eine moderne Ganzstahlkarosserie.

▶ **1953**
Der letzte klassische Serien-Woody verschwindet aus dem Programm der Marke Buick.

ramics, Starliners und Suburbanettes bei Kauflaune hielten. Ein Station Wagon war gegen Ende des vorletzten Jahrhunderts eine Pferdekutsche, in der die Hautevolee ihre Gäste vom nächsten Bahnhof abzuholen pflegte – mit zwei komfortablen Sitzreihen, wettergeschütztem Platz für die Schrankkoffer und einem handgeschreinerten Aufbau aus Edelholz.

Dass die fragile Fachwerk-Konstruktion nicht nur die Abschaffung der Pferde überlebte, sondern auch das

▶ **Mit 2360 Dollar war er anno 1948 das teuerste Modell im Oldsmobile-Programm und kostete noch einmal 580 Dollar mehr als das Cabriolet.**

▶ Stückwerk: Oldsmobile fertigte kaum mehr als den Motor, Schraubenfedern und Radaufhängungen selbst, der Rest stammte von Firmen wie Chevrolet (Achsen und Getriebe), Saginaw (Lenkung), Borg & Beck (Kupplungen) oder Bendix (Bremsen).

Zeitalter des Ford T-Modells, gehört zu den Glücksfällen des amerikanischen Automobilbaus. Erst in den späten Vierzigern nahmen die Kombi-Bestellungen so kräftig zu, dass die Produktions-Experten der Großkonzerne den Hobel ansetzten: Sie ließen die Karosserien der Station Wagon aus billigem Stahl pressen, statt sie bei Spezialfirmen wie Ionia in Ionia, Michigan, oder Hercules in Evansville, Indiana, zu ordern.

Auch bei Oldsmobile, der General Motors-Marke des gepflegten Bürgertums, war es 1948 so weit. Aber kurz zu-

▶ **Der Kühlergrill bildet die beste wenig Möglichkeit, Vor- und Nachkriegstypen voneinander zu unterscheiden.**

vor zimmerten die Hercules-Schreiner noch den Kombi-Aufbau jenes Oldsmobile 68 zusammen, der heute den passendsten aller Besitzer hat: Sein Name ist Woody – Dave Woody.

»Als ich ihn vor acht Jahren in Indiana fand, trug er noch die alten Kennzeichen von 1951«, sagt der Immobilienmakler aus dem kalifornischen Long Beach. »Und das beste: Sein Holz war völlig makellos.«

Dafür arrangierte sich der frisch gebackene Oldsmobile-Besitzer sogar mit den lustlos herabhängenden Mundwinkeln im Chromgesicht des 1948er Modells. Aber kundige Betrachter halten sich meist ohnehin am anderen Ende des Olds auf, jener Rückseite, die aussieht wie ein gigantischer Überseekoffer, dem nur die Hotelaufkleber aus vergilbtem Papier fehlen.

▶ Im Jukebox-Design präsentiert sich das Armaturenbrett des Olds. Rechts gut zu sehen: Der Wählhebel für
die Hydramatic.

Kenner delektieren sich nicht so sehr an der verchromten Rakete auf der Motorhaube des Station Wagon und
seinen Stoßstangenhörnern im stilreinen Art déco, sondern an Details wie der diagonal teilbaren Heckklappe
oder dem hinteren Seitenteil: Es besteht allein aus 16
Eschenholz- und Mahagoni-Stücken, die präzise zuge-
schnitten, angepasst, verleimt, verzapft, verschraubt
und klarlackiert wurden.

Für Freunde klassischer US-Kombis ist es nicht verwun-
derlich, dass sich die Holzmaserung jedes einzelnen Ka-
rosserieteils in seinem Gegenstück fortsetzt, ohne das
Auge eines gut situierten Erstbesitzers je mit Astlöchern
oder unpräzisen Spaltmaßen schockiert zu haben. Wahre Woody-Gourmets, so weiß es die amerikanische Auto-
Geschichtsschreibung, identifizierten ihren Kombi vor
dem nächtlichen Country Club nicht am Kennzeichen,
sondern an der Maserung seines Holzaufbaus.

Wenn sie sich heute hinter das spindeldürre Bakelit-
Lenkrad fädeln könnten, wäre ihnen auch ein akusti-
sches Wiedererkennen möglich. Denn dass Holz wirklich lebt, zeigt sich bereits beim Kontakt mit der ersten
Bodenwelle: Sie versetzt die Karosserie in einen Zustand
reger Mitteilsamkeit – ganz besonders dann, wenn sie
sechs Dekaden ohne Demontage nutzen konnte, um
sich Toleranzen im Zehntelmillimeter-Bereich zu erar-
beiten.

► Schmuckstück: die Rückleuchteneinheit. Sie war in ähnlicher Form auch bei anderen Woodies wie etwa bei Pontiac zu finden.

► Liebe zum Detail: Sogar die verchromte Auspuffblende (die es damals nur gegen Aufpreis gab) trägt selbstbewusst das klassische Firmenemblem.

Sie knistert und knackt wie ein nächtlicher Frühlingswald, sie schrammt und knötert wie eine antike Achterbahn; gelegentlich bebt sie sogar, als wäre der Olds auf der nach oben offenen Richterskala unterwegs. Und immer pflegt das Holz eine deutlichere Aussprache als der graugrün lackierte Gusseisen-Klotz, der sich unter der bauchigen Motorhauben-Wölbung des Oldsmobile verbirgt.

Er stammt noch aus den Dreißigern wie alle Reihenachtzylinder der frühen Friedensjahre: Die Kauflust der Amis konnte das alte Eisen nicht zügeln, weil es zwischen 1942 und 1945 keine Personenwagen für private

Besteller gab. Oldsmobile baute stattdessen Panzer mit jenen vollautomatischen Vierganggetrieben, die zivile Kunden seit 1939 als HydraMatic bestellen konnten. Die Schalthilfe kehrte damit an ihren Ursprungsort zurück: General Motors hatte sie einst in den Tanks der US-Army erprobt.

Auch im Oldsmobile 68 Woody von Dave Woody ist die HydraMatic – einstiger Aufpreis 175 Dollar – eingebaut. Mit ihren frühen, sanft ruckenden Gangwechseln sorgt sie bis heute dafür, dass sich der Fahrer auf das großzügige Spiel der Lenkung konzentrieren kann, auf ständige Kurskorrekturen wie in alten Hollywoodstreifen, vor allem aber auf die passenden Erinnerungen an Spencer Tracy, Clark Gable, die Beach Boys und ihre vorteilhaft gekurvten Freundinnen unter dem heißen Holzdach.

Text: Christian Steiger
Fotos: Uli Jooß

▶ **Der Achtzylinder-Reihenmotor des Jahres 1948 war praktisch unverändert aus Vorkriegszeiten übernommen. Den ersten Reihen-Achtzylinder hatte Oldsmobile 1932 eingeführt.**

Daten & Fakten Oldsmobile 68 Station Wagon

▶ **Motor**
Achtzylinder-Reihenmotor, Bohrung x Hub 82 x 98 mm, Hubraum 6527 cm³, Leistung 110 SAE-PS bei 3400/min, Verdichtung 6,5:1, zentrale, stirnradgetriebene Nockenwelle, stehende Ventile, über Stößel betätigt, ein Carter-Fallstromvergaser.

▶ **Kraftübertragung**
Hinterradantrieb, Einscheiben-Trockenkupplung, Dreigang-Schaltgetriebe mit Lenkradhebel, auf Wunsch automatisches Hydramatic-Vierganggetriebe (Aufpreis 175 Dollar).

▶ **Karosserie/Fahrwerk**
Ganzstahlkarosserie auf Kastenrahmen, vorn Dreieckslenker und Schraubenfedern, hinten Starrachse und Längsblattfedern.

▶ **Maße/Gewicht**
Radstand/ Länge 3022/5181 mm, Gewicht ca. 1600 kg.

▶ **Fahrleistungen/Verbrauch**
Höchstgeschwindigkeit ca. 130 km/h, Verbrauch ca. 15 bis 18 Liter Normalbenzin/100 km; Neupreis 1947: 2614 Dollar.

▶ **Bauzeit/Stückzahl**
1945-48: 2993 Exemplare.

1950

Studebaker Champion

Rundstück

▶ *In Norddeutschland heißt ein gewöhnliches Brötchen Rundstück. Mit Rundungen sparte auch der in South Bend, Indiana, beheimatete Autokonzern Studebaker nicht am Champion-Modell 1950. Mit der Größe des Wagens buk die Firma für amerikanische Verhältnisse jedoch kleine Brötchen.*

► Der Champion ist kein Meister des pompösen Auftritts. Er spart an protzigem Chromschmuck. Mit einer Ausnahme: der kessen Kugelnase.

Der 1950er Studebaker Champion ist kein typisch amerikanisches Auto. Gut, er hat vorne eine durchgehende und bequeme Kunstledersitzbank für drei Personen und hinten ebenfalls. Ulrich Tannert, 28, aus Nürtingen und Eigentümer des abgelichteten Exemplars, geht sogar noch weiter und meint trocken: »Hinten sitzt man wie die Königinmutter«. Um diesen Effekt zu verstärken, hätte ab Werk aber noch die Sitzbank umgedreht und der hintere Fußraum in Richtung Gepäckabteil angeordnet werden müssen. Nur dann könnte man die schöne Aussicht durch die U-förmig gebogene Panoramaheckscheibe so richtig genießen, eben wie von einem königlichen Thron aus.

Aber zurück zu den Tatsachen. Was hat der Wagen sonst zu bieten, das ihn als amerikanisches Dickschiff ausweisen könnte? Unter der auberginefarben (kein Originalton) lackierten Stahlblechhaube pocht ein für die Staaten ungewöhnlich kleines Reihen-Sechszylinderherz.

Pah, gerade mal 2,8 Liter Hubraum, das will ein ausgewachsener Ami-Schlitten sein?

Zugegeben, 1950 war der brave und hubraumschwache seitengesteuerte Motor mit seinen 85 PS auf dem amerikanischen Automarkt sicher nicht die Regel, 3,5- bis Vierliter-Maschinen waren üblich. Und was sich beim aus der Reihe tanzenden Motor schon abzeichnete, fand beim putzigen Blechkleid seine stilvolle Fortsetzung. Die Karosserielinien und die Ausführung des nur geringfügig über fünf Meter »kurzen« Wagens orientieren sich für diese Zeit nämlich an keinerlei marktüblichen Tendenzen. Der Champion ist kein Meister des pompösen Auftritts, er pflegt Understatement. Das zeigen die schmalen und vertikal angebrachten Rücklichteinhei-

▶ **Windfang: Belüftungsklappen gab es bei Studebaker noch bis 1957.**

▶ **Eine Anfahrhilfe am Berg, bei Studebaker als »hill-holder« bezeichnet, verhilft auch dem ungeübten Fahrer zu heller Freude am Champion.**

ten, der elegante Hebelmechanismus zum Öffnen des Kofferraumdeckels oder die filigranen Türgriffe. Er spart an protzigem Chromschmuck und Straßenkreuzer-Allüren wie Heckflossen, mit einer Ausnahme: der Kugelnase, welche die Amerikaner deshalb auch markant »Bullet-nose« nennen.

Sie trägt der Champion kess und manchmal in der Sonne funkelnd vor sich her, als Eyecatcher und Zeichen seiner Individualität. Diesem runden und konvex gewölbten Kühlermittelteil – in seiner Art dem Flugzeugbau entliehen – fehlt eigentlich nur noch der Propeller, möchte man meinen. Als künstlerisches Gimmick und Blickfang gedacht, ist es 1950 aber nur das i-Tüpfelchen der bereits drei Jahre zuvor revolutionierten Karosserie, die das moderne Auto der Fünfziger prägt.

Die Pontonform, eine niedrige Frontpartie, die für 1947

ungewöhnliche, weil durchgehende Windschutzscheibe und ein richtiger Dachabschluss sind die neuen Stilelemente. Im Innenraum herrscht Schlichtheit vor. Auffallend ist dort das riesige, dünne Zweispeichenlenkrad und der kleine, auf dem Armaturenbrett stehend angebrachte Innenspiegel. Unterhalb des Lenkkranzes ragt der Schalthebel mit dem weißen Plastikknauf in Reichweite des Fahrers heraus. Man braucht ihn aber nicht oft. Die Motorcharakteristik lädt zum schaltfaulen Fahren ein.

Das zweifellos Interessanteste unter dem geschlossenen

NOV CALIFORNIA CA 94
B 4394561
2RSM154

▶ **Pfiffiges Detail: Solider Griff zur Hauben-Entriege-lung.**

Blechkleid ist jedoch die vorn verbaute Schrägfederung. Die einzeln gefederten Vorderräder sind an zwei Drei-ecklenkern so aufgehängt, dass sie nicht senkrecht, son-dern um 15 Grad nach oben und hinten gegen Blattfe-dern abgestützt sind.

Ein ungewöhnliches Extra, wie die englische Autozeit-schrift *The Autocar* nach Erscheinen des Champions schreibt, ist der so genannte »hill-holder«, eine Anfahr-hilfe am Berg. Sie, so schrieben die Tester, »wäre beson-ders geeignet für ungeübte Fahrer«. Doch was hat es mit diesem hill-holder auf sich? Nun, in einem zusätzlichen Bremszylinder sitzt ein Käfig mit einer Stahlkugel, die an einer Steigung per Schwerkraft zurückrollt und den Strom der Bremsflüssigkeit unterbricht, sodass diese nicht in den Ausgleichsbehälter zurückfließen kann. Dies geschieht nur im Stillstand – beispielsweise vor ei-ner Ampel am Berg – indem mit dem Treten des Kupp-lungspedals ein kleines Hebelchen betätigt wird. Sobald das Kupplungspedal zum Anfahren wieder freigegeben

▶ Relaxt reisen: Für längere Etappen auf Bundesstraßen und Autobahnen ist der Studebaker mit der lässigen Art, die sein kleiner Sechszylinder an den Tag legt, bestens motorisiert.

▶ **Von hinten wirkt der fünf Meter lange Wagen sehr zierlich. Die schmalen Rücklichter und senkrechten Streben an der Heckscheibe verstärken diesen Eindruck.**

wird, zieht der Käfig mit der Stahlkugel wieder in seine Ausgangsposition zurück, die Bremse löst. Genau genommen benötigt der Champion-Fahrer derart ausgerüstet gar keine Handbremse mehr, die aber, auf die Hinterräder wirkend, natürlich trotzdem vorhanden ist.

Weitere Extras, die 1950 den Basispreis von 1647 Dollar ab Werk für den Champion Regal de Luxe in die Höhe treiben konnten, waren beispielsweise Weißwandreifen, Außenspiegel, Nebellampen oder ein im zweiten und dritten Gang zuschaltbarer Overdrive. Die in die Schweiz exportierten Modelle waren alle mit diesem Schnellgang und dem hill-holder ausgestattet, der in der hügeligen Alpenrepublik auch wirklich Sinn machte. Etwa vor zehn Jahren kam die Japan-Marke Subaru bei ihren allradgetriebenen Modellen übrigens auf die glorreiche Idee, den hill-holder ein zweites Mal zu erfinden. Dachten die Nippon-Söhne wenigstens. Als der Studebaker Club of Switzerland sein Veto einlegte und auf die Studebaker-Erfindung verwies, verschwand die Werbekampagne wieder. Club-Mitglied Rolf Struss: »Wir wollten verhindern, dass die Japaner sich diese Erfindung auf ihre Fahnen schreiben konnten.«

Der konkurrenzlos günstige Preis des Campions trug sein Scherflein zu den hohen Verkaufszahlen des Autos mit bei. Der Grundstein zu diesem Erfolg wurde aber bereits 1936 gelegt: In diesem Jahr begann eine über zwanzig Jahre anhaltende Partnerschaft zwischen dem Studebaker-Konzern und dem Design-Papst Raymond Loewy. Der Franzose, den das Nachrichtenmagazin *Der Spiegel* in einer Titelgeschichte 1953 einmal als »Kreuzritter des guten Geschmacks« bezeichnete, war von diesem Zeitpunkt an für das Styling der Wagen zuständig. Das erste große Projekt des bekannten Industrie-Designers war der Champion, der unter diesem Namen schon 1939 in Produktion ging. Der leichte Wagen mit den runden, in den Kotflügeln integrierten Scheinwerfern, einem Sechszylindermotor mit 78 PS und der bereits unabhängigen Vorderradaufhängung hatte schnell Erfolg.

▶ **Rundes Allerlei: Der Studebaker Champion verwöhnt die Augen seines Besitzers überwiegend mit hübschen Rundungen. Dazu zählt die halbkreisförmig gebogene und weit herum gezogene Panoramaheckscheibe und auch der große Tachometer von gleicher Gestalt.**

▶ **Relativ unkompliziert: Der Sechszylinder-Reihenmotor mit 85 PS aus 2,8 Liter Hubraum. Obenauf der Luftfilter im Ölbad.**

Und das Design wurde von der gesamten amerikanischen Autobranche rasch nachgeahmt. Studebaker war 1947 auch der erste US-Automobilproduzent, der einen Wagen mit völlig neuem Antlitz herausbrachte. Während Chrysler, General Motors und Ford nach dem Krieg noch an veralteten 42er-Modellen herumdokterten, zauberten Loewy und Virgil Exner, der in den fünfziger Jahren Chefdesigner bei Chrysler wurde, schon kräftig am neuen Champion. Erstmals ohne separate Kotflügel, ein für diesen Zeitpunkt spektakulärer optischer Schachzug.

Mit dem eigenwilligen Flugzeugnasen-Design kam dann 1950 das erste größere Facelift an der Vorderfront des Wagens. Loewy überraschte das Publikum mit dieser Karosserie-Retusche aber offensichtlich doch etwas, die Meinungen waren sehr geteilt. Dennoch wurde mit diesem Modell 1950 die höchste Produktionszahl in der Geschichte von Studebaker erzielt – und 250 000 Exemplare verkauft. Ein mit Borg-Warner entwickeltes Dreigang-Automatikgetriebe kam ebenfalls in jenem Jahr erstmalig zum Einsatz.

Später folgte noch ein ohv-V8-Motor für den Commander, ein Schwestermodell des Champions. Der Commander der Jahre 1950 und 1951 rollte mit mächtigerer Gestalt über die Highways, war aber bis auf wenige Details wie andere Lampenzierringe dem Champion trotzdem wie aus dem Gesicht geschnitten. Nach Oldsmobile und Cadillac bot mit Studebaker die dritte Autofirma ein obengesteuertes V8-Aggregat an. Ein gewaltiger technischer Fortschritt für eine Firma, die, 1852 von den Brüdern Henry und Clem Studebaker gegründet, im

Jahre 1898 mit 75 000 produzierten Pferdewagen weltgrößter Hersteller dieser Fortbewegungsmittel war.

Die Firmengeschichte des Unternehmens prägten bis 1963 starke wirtschaftliche Höhen und Tiefen. Zwei Wochen nach der Ermordung des amerikanischen Präsidenten John F. Kennedy schloss die Fabrik in South Bend, Indiana, Anfang Dezember 1963 endgültig ihre Tore. Zu Beginn der fünfziger Jahre war vom eine Dekade späteren Aus der Firma natürlich noch nichts zu spüren. Der Champion wurde als zwei- und viertürige Limousine, als Convertible und Starlight Coupé angeboten. Das zweitürige Coupé mit fünf Sitzplätzen war aufgrund seiner extremen Rundumverglasung oft Ziel neckischer Scherze. »Is it coming or going?«, fragten sich die Betrachter belustigt.

Nicht zum Scherzen sind dagegen die recht unlustig arbeitenden Scheibenwischer im Champion. Schuld daran ist das Unterdrucksystem, das sie antreibt. Eine Vakuumpumpe, die an der Benzinpumpe sitzt und mit dem Wischermotor verbunden ist, saugt im Standgas ein Vakuum. Es entsteht Unterdruck, und die Wischerblätter tun ihre Arbeit. Bei starkem Gasgeben fällt der Unterdruck ab, die Wischer funktionieren nur noch unregelmäßig. Eine ziemlich unangenehme Sache bei Regen und schnellerer Fahrt. Egal, auch wenn nicht immer alles tadellos funktionierte, der Champion überraschte seine Besitzer jedenfalls mit originellen Detaillösungen.

Darunter fällt zweifellos auch die Instrumentenbeleuchtung im Cockpit. Im Flugzeugbereich bekannt als »black lights«. Hinter dem großen und halbrunden Tachometer verbergen sich kleine Lämpchen mit fluoreszierender, grünlicher Farbe. Erst nach etwa zehn Minuten strahlt die geisterbahnähnliche Beleuchtung auf vollen Touren. All diese ungewöhnlichen, zugegebenermaßen manchmal etwas unausgegorenen Details geben dem Champion einen ganz besonderen, unvollkommenen Charme. Ein typisch amerikanischer Wagen ist er nun mal nicht, aber trotzdem eine runde Sache.

Text: Matthias Puder
Fotos: Michel de Vries

Daten & Fakten Studebaker Champion

▶ Motor

Sechszylinder-Reihenmotor, längs über der Vorderachse eingebaut, Zylinderkopf und -block aus Gusseisen, Bohrung x Hub 76,2 x 101,6 mm, Hubraum 2798 cm³, Verdichtung 7:1, Leistung 85 PS (62,5 kW) bei 4000/min, maximales Drehmoment 19,1 mkg (187 Nm) bei 2400/min, fünffach gelagerte Kurbelwelle, stehende Ventile, seitengesteuert, Gemischaufbereitung über einen Carter-Fallstromvergaser, Ölbadluftfilter.

▶ Kraftübertragung

Hinterradantrieb, Einscheiben-Trokkenkupplung, Dreiganggetriebe (zweiter und dritter Gang synchronisiert), Overdrive (im zweiten und dritten Gang zuschaltbar), Übersetzungen: I. 2,61, II. 1,63, III. 1,0, R. 3,54, Overdrive 0,7.

▶ Karosserie/Fahrwerk

Stahlblechkarosserie, mit Leiterchassis (Kastenrahmen) verschraubt, Querträger an der Vorderachse, Radaufhängung vorn an schräg angestellten Dreieckquerlenkern, Federbeine, Stabilisator, Radaufhängung hinten an Blattfedern, Federbeine, Trommelbremsen rundum, Bereifung 6,40 x 15 auf Stahlscheibenrädern.

▶ Maße/Gewicht

Radstand/Länge 2870/5010 mm, Breite/Höhe 1740/1560 mm, Spur vorn/hinten 1433/1361 mm, Leergewicht um 1200 kg (je nach Ausführung).

▶ Fahrleistungen/Stückzahl

Höchstgeschwindigkeit ca. 130 km/h, Beschleunigung Null bis 100 km/h um 18 s. Bauzeit: 1939 bis 1954 (alle Champion); Stückzahl: 343 166 (alle Champion und Commander-Modelle 1950).

▶ Frischluft-Vergnügen unter
schützendem Blechdach, aber
ohne B-Säule: Vor über einem
halben Jahrhundert erfand die
Firma Buick das Hardtop-Coupé.

1952

Buick Super Riviera Hardtop-Coupé

Gentle Giant

▶ *Vor 50 Jahren erfand Buick das Hardtop-Coupé. Die toupierten Frisuren dieser Welt hatten auf den ritterlichen Ami gewartet: Der Riviera versprach Freiluftgenuss mit schützendem Blechdach, aber ohne B-Säule.*

Die unfassbarsten Details der amerikanischen Design-Geschichte sind nicht aus Blech. Aber im Rückspiegel der Geschichte strahlen sie heller als jeder Zweifarbenlack.

Es sind Anekdoten wie die Story von Ned Nickles, dem Buick-Designchef, der eines Tages vier ovale Löcher in die Kotflügel seines Roadmaster schnitt. Er rahmte die Ränder mit Chromleisten ein, und in die Öffnungen montierte er bunte Glühlampen, die im Rhythmus der Zündfolge aufleuchteten, sobald Nickles auf das Gaspedal trat.

In einer Besprechung mit dem Buick-Chef Harlowe Curtice zogen ihn die Kollegen mit seiner grotesken Lichtorgel auf. Curtice wollte sehen, womit sich sein Designer zum Gespött machte. Und vier Monate später gab es keinen neuen Buick mehr ohne Löcher in der Flanke: Als »Portholes« wurden sie zum ebenso prägnanten wie funktionsfreien Erkennungszeichen aller Buick-Modelle. Nur die Birnchen machten Nickles Auto noch zum Unikat: Buick ließ sie in der Serie lieber weg.

Mit ihrem smarten Design schaltete die GM-Marke in den späten Vierzigern den Absatz-Overdrive ein. Ein Buick war in Amerika nach dem Zweiten Weltkrieg so etwas wie hierzulande ein Opel Kapitän – nur dass es zehnmal so viele US-Käufer gab, die sich damals einen Kapitän leisten konnten.

Sie kauften sich einen Buick Roadmaster, wenn sie konnten, weil er vier Löcher im Kotflügel hatte und nicht nur drei wie die Basismodelle Super und Special. Sie umgriffen ein Lenkrad, dessen Kunststoffkranz in der

► »Bombsight« hieß das verchromte Visier auf der Haube.

Sonne wie flüssiger Bernstein leuchtete. Und sie peilten die gelben Mittellinien der Highways durch ein verchromtes Visier auf der Motorhaube an, das allen Ernstes »Bombsight« hieß und die begehrteste Teenie-Trophäe jener Jahre wurde: Es war die meist gestohlene Kühlerfigur der frühen Fünfziger.

Kein anderer US-Anbieter leistete sich außerdem die knisternde Aura aus Gewalt und Gelassenheit, wie sie sich in den Kühlermasken der Buick-Modelle spiegelte. Die Roadmaster-Sippe bleckte jedes Modelljahr ein paar

Historie

► **1945**
Die Buick-Nachkriegsproduktion läuft nach dreijähriger Pause wieder an. Die drei Modell-Linien Special, Super und Roadmaster entsprechen dem Jahrgang 1942.

► **1949**
Völlig neues Karosserie-Design. Januar: Präsentation des Riviera Hardtop-Coupé in New York. Juli: Serienbeginn.

► **1953**
Neue V8-Motoren.

► **1954**
Gestrafftes Design, Riviera-Modelle jetzt auch viertürig lieferbar.

► **1959**
Der Name Riviera verschwindet aus dem Buick-Programm, kehrt aber 1963 für ein Oberklasse-Coupé zurück.

Chromzähne mehr oder weniger – aber immer entwickelte sie ein Mienenspiel, das es sonst nur im Kino gab: im kalten Lächeln der wortkargen Typen, die dunkle Roadmaster-Limousinen über den nassen Asphalt alter US-Krimis steuern. Als »Million-Dollar-Grin« zählt das Buick-Gebiss bis heute zur Folklore Amerikas: Nie war die Marke populärer.

Ihren Anteil am Erfolg hatte aber noch eine andere Kreation der Buick-Designabteilung: Vor 50 Jahren erfand Ned Nickles das Hardtop-Coupé, jene Karosserieform mit flachem Dach und voll versenkbaren Scheiben, zwischen denen es keine B-Säule gibt.

Als Nickles das erste Hardtop-Coupé auf Basis des Roadmaster skizzierte, ließ er sich angeblich von der Ehefrau des Buick-Produktionsmanagers inspirieren: Sie orderte jedes Jahr ein Cabriolet, weil ihr die flache Form gefiel, öffnete aus Angst vor dem Fahrtwind aber nie das Verdeck.

Nickles kreierte, worauf die toupierten Frisuren dieser Welt warteten: Der Flachdach-Buick namens Riviera

▶ **Hinter den gebleckten Goldzähnen säuseln sanfte 129 DIN-PS. Der Achtzylinder-Eisenklotz ist eine Konstruktion der Dreißiger.**

wurde zum Urtyp einer neuen Automode, die nicht nur Millionen-Auflagen erreichte, sondern auch die poetischsten Modellnamen der Cruising-Epoche trug: Cadillac Coupé de Ville, Oldsmobile Holiday, Chevrolet Bel Air und Plymouth Belvedere waren nur einige der endlos vielen Nachahmer.

Es sind Namen, die für Jerry Cleland nach Kindheit klingen. Als Teenie sammelte der 54-jährige Spediteur aus La Crescenta, einer Kleinstadt nördlich von Los Angeles, die bunten Prospekte, die ihm sein Vater damals mitbrachte. Heute restauriert er die Relikte eines längst erloschenen Amerika: Seinen Buick Riviera, Jahrgang 1952, eiste er aus der Garage des weißhaarigen Erstbesitzers, der noch täglich mit dem alten Gleiter zur Arbeit fuhr.

▶ **Die Lüftungsblenden waren ein Design-Gag ohne Funktion.**

Die Laufleistung seines Reihenachtzylinders verliert sich in der Fünfstelligkeit des Meilenzählers: »200 000 werden es schon sein«, sagt Cleland. Und tatsächlich verbirgt sich hinter dem wüsten Blick der Buick eine unerwartete Ärmelschoner-Mentalität. Ein Buick galt im Amerika der frühen Fünfziger nicht als Modeartikel, sondern als Langzeit-Investition. Genau so fühlt er sich mit seinen massiven Materialstärken noch immer an. Der Wortschatz eines 1952er Buick reduziert sich stets auf das gleiche, metallische »Ka-Lonk«, das nur in der Lautstärke differiert – je nachdem, ob die Fahrertür ins Schloss fällt, die Motorhaube in die massiven Verriege-

▶ **Kaum ein US-Auto blickte seinen
Betrachter je aggressiver an.**

▶ Klare Linien, maßvoller Chrom: Die Zeit der Flash-Gordon-Cockpits kam später.

▶ Das bürgerliche Amerika liebte
die Hardtop-Coupés: Sie boten
Frischluftspaß ohne Verwüstung
des geordneten Haupthaars.

lungen schnalzt, ob der verchromte Wischerschalter gezogen oder die Stationstaste des »Sonomatic«-Radios gedrückt wird.

Nur einmal, erinnert sich Cleland, äußerte sich der Buick nachdrücklicher: »Ich hatte beim Parken in meiner abschüssigen Einfahrt den Leerlauf drin«, sagt der Buick-Besitzer, der danach ein neues Garagentor aus Holz brauchte. Sein Buick hatte keinen Kratzer.

Selbst der Motor ist nicht geneigt, den Passagieren und dem sanften Wimmern der 16-Zoll-Weißwandreifen ins Wort zu fallen. Maximal 3400 Umdrehungen sind ihm recht, um seine 129 DIN-PS mit fast zwei Tonnen Hardtop-Coupé spielen zu lassen. In Wirklichkeit zerfasert ein guter Teil der Leistung im Wandler seiner Dynaflow-Automatik: Schon ein herzhaft bewegter 30-PS-Käfer ledert den sanften Riesen beim Ampelstart ab.

Dafür reduziert die Schalthilfe alle Bedienungsansprüche auf das Niveau zweier Hebelstellungen namens »High« und »Low« und eine heile Welt ohne Schaltpausen und -rucke. Dass die Wirklichkeit ein kleines Stück komplexer aussah, verriet nur der Volksmund: Mit den Worten »Come on, Dyna – flow« kommentierten autokundige Amis die Eigenart der Schalt-

box, gern mal das Getriebeöl auf dem Highway zu verschütten.

Richtig cool ist ein Buick also erst als Klassiker. Im Amerika der Fünfziger liebten ihn nicht die zornigen Söhne, denen James Dean das Denkmal der Dekade setzte, sondern ihre Puschen tragenden Daddys. Die bevorzugten auch jenes »Marshmallow-Gefühl aus weichen Reifen, weichen Federn und weichen Sitzen«, von dem 1951 das US-Fachblatt *Motor Trend* berichtete.

In einem fernen Land ohne Tempolimits weigerte sich derweil Werner Oswald erstmals in der Geschichte von *auto motor und sport*, die Höchstgeschwindigkeit eines Testwagens zu messen. »Wir hatten keine Lust, Kopf und Kragen zu riskieren«, erklärte er seinen Lesern: »Denn von Straßenlage kann beim Roadmaster keine Rede sein. Er ist wie ein Schiff bei Seegang.«

In Deutschland war sowieso alles anders. Das erste teutonische Hardtop kam von DKW und hieß nicht Riviera oder Belvedere, sondern, in preußischer Strenge, »3 = 6

▶ **Chrom und Ehre: Allein das Stoßstangenhorn wiegt mehr als ein heutiger Golf-Stoßfänger**

Allsicht-Coupé«. Ein Buick kostete fast 26 000 Mark, mehr als zwei Opel Kapitän. Und ein Ned Nickles hätte mit seinen Lichtspielen kein TÜV-Gelände verlassen.

▶ **Die Dynaflow-Automatik goss gerne ihr Getriebeöl auf den Highway. »Come on, Dyna – flow«, spotteten Passanten.**

Text: Christian Steiger
Fotos: Ulli Jooß

Daten & Fakten Buick Super Riviera Hardtop-Coupé

▶ **Motor**

Achtzylinder-Reihenmotor, hängende Ventile, betätigt über Stoßstangen und Kipphebel, zentrale, kettengetriebene Nockenwelle, ein Stromberg-Doppel-Fallstromvergaser, Bohrung x Hub 80,9 x 104,7 mm, Hubraum 4315 cm³, Leistung 129 DIN-PS bei 3400/min, max. Drehmoment 305 Nm bei 2000/min.

▶ **Kraftübertragung**

Hinterradantrieb, Dynaflow- Zweigang-Automatikgetriebe mit Lenkradhebel.

▶ **Karosserie/Fahrwerk**

Ganzstahlkarosserie auf Kastenrahmen, Radaufhängung vorn: Dreieckslenker, Schraubenfedern, hinten: Starrachse mit Schraubenfedern.

▶ **Maße/Gewicht**

Länge/Radstand 5237/3086 mm, Gewicht 1840 kg.

▶ **Fahrleistungen/Verbrauch**

Höchstgeschw. 140 km/h, Verbrauch um 18 Liter/100 km.

LU · 56689

H-Design AG Sursee

Cadillac Series 62 Eldorado Convertible

Goldrausch

▶ *Der Cadillac Series 62 Eldorado Convertible von 1953 war ein automobiler Superlativ, welcher selbst im Land der unbegrenzten Straßenkreuzer noch Glanz in die Augen komfortverwöhnter Fahrer malte.*

Formen, die begeistern: Der Eldorado wurde zum Trendsetter. Auf der nach oben offenen Luxusskala hatte Cadillac das Rennen für sich entschieden.

Hugh Hefner und Cadillac wussten schon immer, was gut für Amerika ist. Hefner präsentierte 1953 die aufreizenden Formen Marilyn Monroes in seiner ersten Ausgabe des Playboy. Cadillac stellte im gleichen Jahr den Eldorado vor und hob sich auf den ersten Platz im Olymp der Hersteller amerikanischer Nobelkarossen: »Für die Bevorzugten dieser Welt, die den Besitz der edelsten und vollkommensten von Menschenhand gebauten Erzeugnisse zu schätzen wissen, ist der Cadillac geschaffen worden...«, war in einem Prospekt aus dem gleichen Jahr zu lesen. Ähnliches hätte auch Hefner über seinen Playboy gesagt.

Kein anderer Wagen spiegelt so verschwenderisch die Zeichen der Zeit wider wie der Eldorado. Nichts schien mehr unmöglich in einem Land, wo es tatsächlich Tellerwäscher gab, die nach ein paar Jahren harter Arbeit in der Lage waren, sich auf ihren Millionen auszuruhen und wo der Begriff Ölkrise noch erfunden werden musste. Das stetig wachsende Selbstbewusstsein der Amerikaner, gestärkt nicht zuletzt durch den Sieg der US-Truppen in Korea, fand seinen Ausdruck in den gewaltigen Ausmaßen, mit denen sie nicht nur Autos, sondern ebenso ganz normale Alltagsgegenstände versahen.

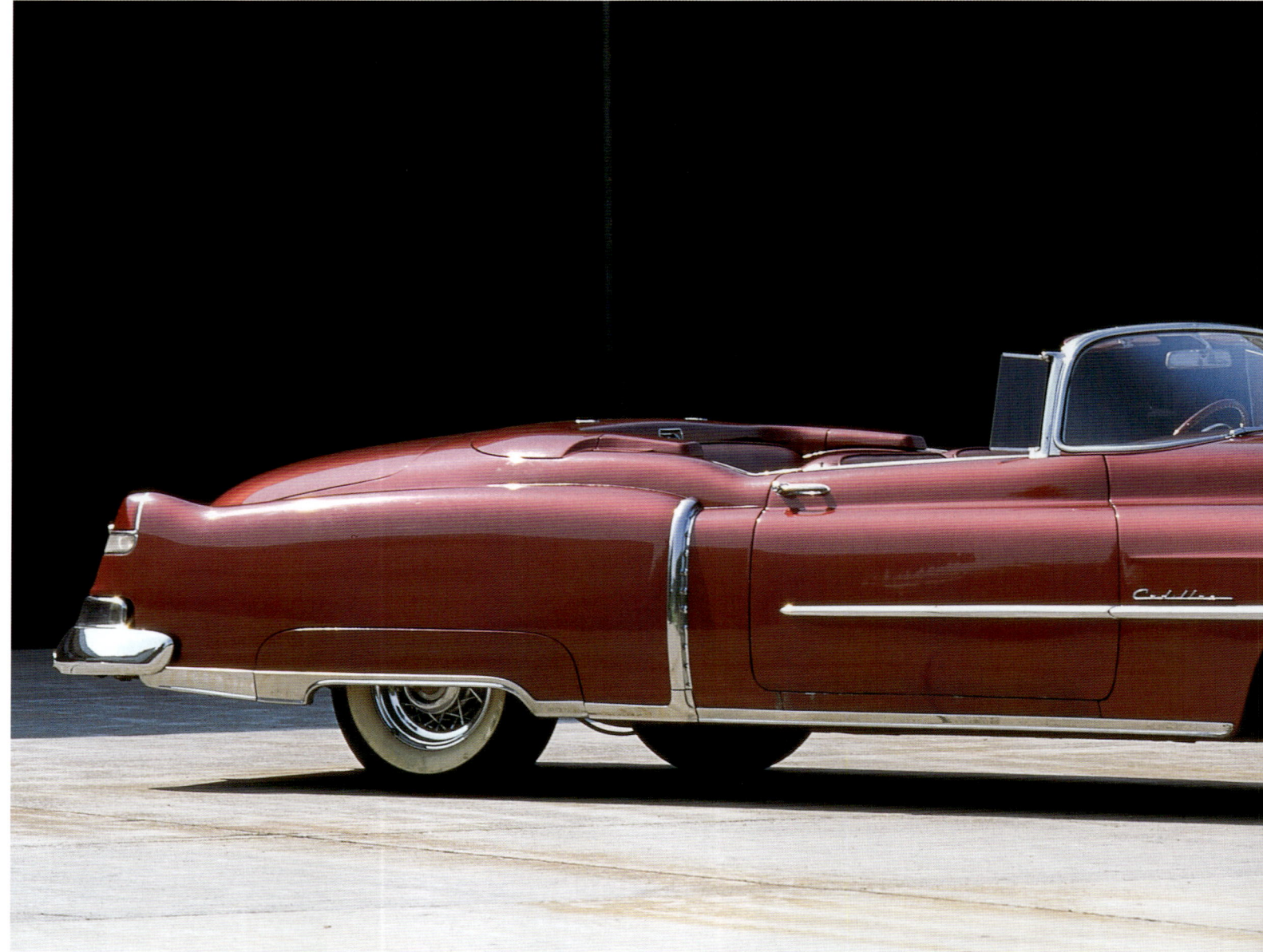

Das automobile Wettrüsten hatte längst begonnen, und die amerikanischen Autohersteller versuchten sich mit dem Bau immer imposanterer Dream Cars gegenseitig den Rang abzulaufen. Auf der nach oben offenen Luxusskala hatte Cadillac mit dieser »glitzernden Verkörperung aller Detroiter Traumland-Visionen«, so Owen Edwards, das Rennen für sich entschieden. Und für diesen Wagen konnte es nur einen Namen geben: Eldorado. Cadillac machte sich bei der Namensgebung eine Legende zu Nutze, um unmissverständlich auf die ganze Pracht hinzuweisen. Eldorado heißt so viel wie »der Goldene« und steht in der ursprünglichen Bedeutung für jenen Ort

unermesslichen Reichtums, den die spanischen Eroberer in Südamerika zu finden erhofften. Die Spanier suchten vergebens, und auch für die meisten Amerikaner blieb es nur bei einem Traum. Zum einen lag es am exorbitanten Preis: 7750 Dollar verlangte Cadillac für den Eldorado zu einer Zeit, in der das Jahresdurchschnittseinkommen gerade einmal bei der Hälfte lag. Zum anderen war es die geringe Stückzahl des bis dahin teuersten Cadillacs – nur 532 Exemplare dieser Edelversion verließen 1953 die Werkshallen des Konzerns in Detroit. Ein schweres Los für das amerikanische Volk, dessen zügelloser Exhibitionismus nirgendwo seinesgleichen fand, und dessen Selbstwertgefühl zu einem nicht geringen Teil von den Produkten der Automobilindustrie abhängig ist.

Die Konkurrenz hatte dieser auf Rädern rollenden Machtdemonstration von Cadillac wenig oder nichts entgegenzusetzen. Der Eldorado stellte bei seiner Präsentation im New York Waldorf Astoria während der Motorama-Ausstellung von General Motors nicht nur andere Edelkarossen vom Schlage eines Buick Skylark, Oldsmobile Fiesta oder Packard Caribbean ins Abseits. Die Nation konnte am 20. Januar 1953 vor den Bildschirmen verfolgen, wie Präsident Dwight D. »Ike« Eisenhower nebst Gattin Mamie auf der Pennsylvania Avenue seiner Amtseinführung entgegenrollte – im Fond eines Eldorado Convertible, eines der ersten Serienfahrzeuge. Einen solchen Kundenkreis hatten die Schöpfer des Eldorado im Hinterkopf, als sie den Wagen bauten.

Stilistisch war der Eldorado das Ergebnis einer Entwicklung, die bereits 1948 begonnen hatte und die die Formengebung vieler amerikanischer Wagen zumindest für die nächsten zehn Jahre stark beeinflussen sollte. Cadillac prominentester Chefdesigner Harley Earl, der seit den zwanziger Jahren im Dienst von General Motors stand, hatte den zündenden Einfall, als er 1941 einen P8-«Lightning«-Jagdbomber in der Nähe von Detroit sah. Zwei der drei Rümpfe des Kampffliegers liefen am Ende in zwei große Flossen aus und dies wohl so ein-

▶ **Der Eldorado war ein Spiegelbild jener Epoche, in der die Atommacht Amerika zum ersten Mal mit den Muskeln spielte.**

▶ **Die neue Panoramascheibe fand unzählige Nachahmer, und auf Heckflossen wollte niemand mehr
verzichten.**

drucksvoll, dass Earl dieses Element sogleich in seinen
nächsten Entwurf integrierte. Ohne zu wissen, welche
Lawine er damit ins Rollen brachte.

Anfangs verpönt, mutierten die zuerst noch moderaten
Höcker bis in die Sechziger zu immer imposanteren,
schärferen und spitzeren Heckflossen. Ein Modegag war
geboren, dem sich kurze Zeit später kein Hersteller
mehr entziehen konnte und durfte. Der Zubehörhandel
bediente sich prompt und beständig Earls Idee: Nur wenige Jahre später gab es für fast alle Fahrzeuge, die nicht
serienmäßig mit Flossen beflügelt waren, Imitationen
verschiedenster Formate.

Earls Ideenreichtum war damit keinesfalls erschöpft. Er

überzeugte Cadillacs Manager Don E. Ahrens, dass ein
superluxuriöses Cabriolet in limitierter Auflage das
Prestige des Konzerns durchaus vergrößern könne, zumal er ein weiteres heißes Eisen im Feuer hatte, welches
er selbst als eine seiner größten Leistungen bezeichnete.
Bereits 1951 hatte Earl erstmals den Entwurf einer Pa-
norama-Windschutzscheibe an einem Prototyp reali-
siert. Die Technik, Glas zu formen, gab es erst seit wenigen Jahren. Eine gebogene Windschutzscheibe aus
einem Stück war demnach die Sensation und sollte als
stilistischer Höhepunkt den geplanten Eldorado von allen anderen Fabrikaten abheben. In diesem Sinne wurde der Eldorado sprichwörtlich um eine Scheibe herum
konstruiert.

Zumindest in Technik und Fahrleistungen entsprach der
Eldorado immer noch einem herkömmlichen Series 62
Convertible. Doch mit dem Design des Eldorados setz-
ten Earl und seine Konstrukteure neue Akzente.

Neben der erstmals in einem Serienfahrzeug verwendeten Panoramascheibe, die ein Jahr später alle Modelle zierte, waren die leicht abfallend verlaufenden Türoberkanten nach hinten auffälligstes Merkmal. Die neue, geschwungene Linienführung wurde durch die mächtigen und runden Kotflügel am Heck weiter betont. Dadurch wirkte der Wagen insgesamt niedriger als ein Standard Convertible, tatsächlich war er es wegen des zirka zehn Zentimeter tiefer gelegten Chassis. Das Verdeck, wahlweise schwarz oder weiß, verschwand in einer Ablage zwischen Rücksitz und Kofferraum und unter einer Metallabdeckung, die sich unaufdringlich ästhetisch der neuen Form anpasste. Abgase entschwanden, wie seit 1952 bei allen Modellen, aus zwei in die hintere Stoßstange integrierten Rohren. Die verchromten Speichenräder des Eldorado waren eine Neuheit.

Vor der imposanten Motorhaube prangten zwei mächtige Wülste, deren sexistische Anspielung an Deutlichkeit kaum zu überbieten war und die treffenderweise als »Dagmar-Bumpers« in die Geschichte eingingen. Dagmar-Bumpers hießen sie deshalb, weil sie der üppigen Oberweite einer damals bekannten und beliebten Fernsehmoderatorin ähnelten.

Die exklusiven Extras des Eldorado hatten natürlich einen Preis: Über 3600 Dollar kostete dieses chrombehangene Prachtstück mehr als das gewöhnliche Cabriolet der gleichen Serie.

Ein Blick in das Innere des Wagens genügt, um festzustellen, dass die Cadillac-Techniker und -Designer die

▶ **Zeitzeuge: Der Eldorado bestach durch sein üppig bemessenes Raumangebot und eine Ausstattung, die keine Wünsche mehr offen ließ.**

▶ Das goldene Firmenemblem war das Symbol für Reichtum und Wohlstand – was auch schon der Name Eldorado signalisierte.

▶ Mächtig und schön: Der Eldorado ist aus jedem Blickwinkel eine imposante Erscheinung und ein Garant für neidvolle Blicke.

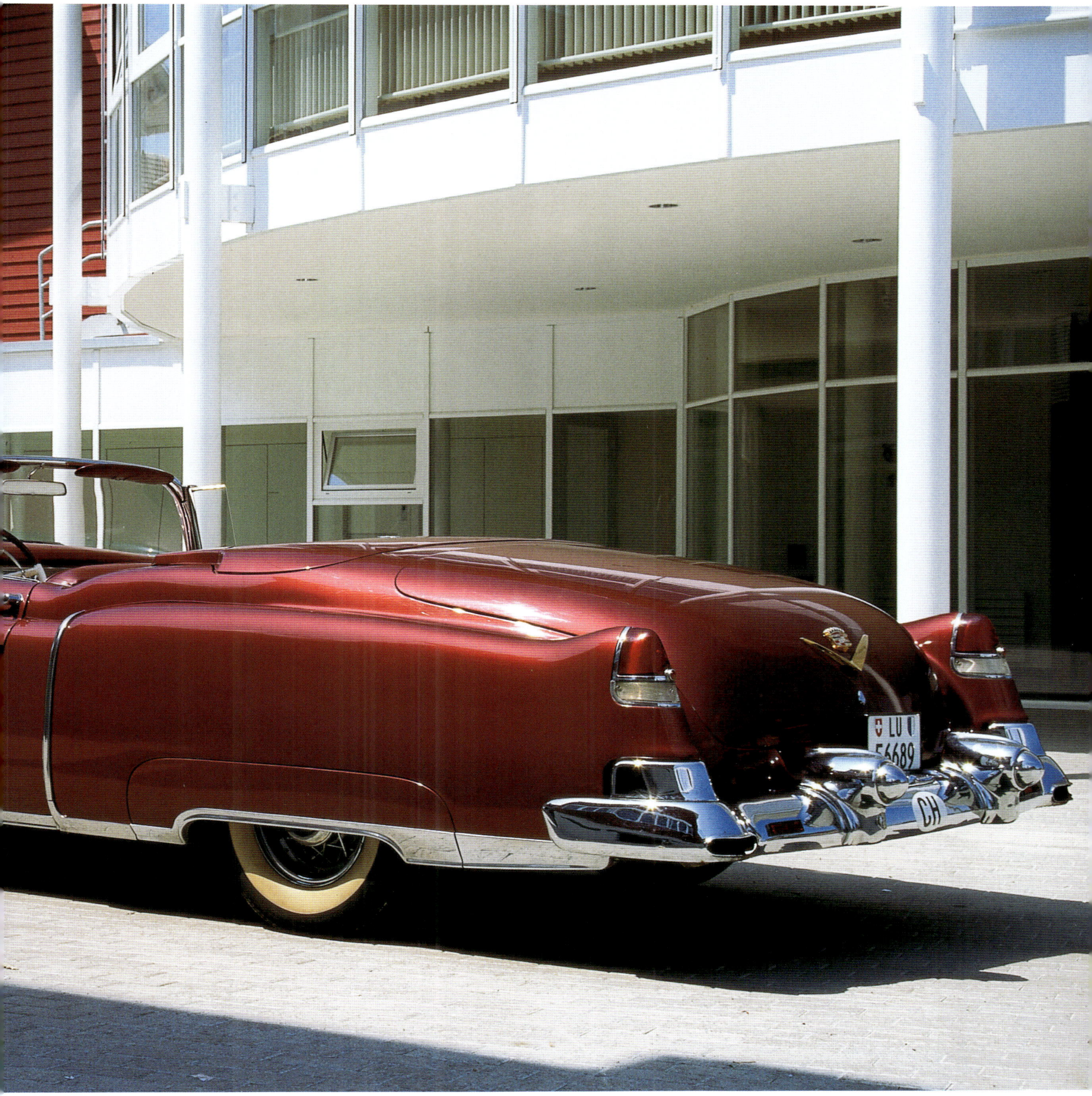
LU
56689
CH

▶ **Imposanter Auftritt:** Die neue, geschwungene Linienführung der von Harley Earl gezeichneten und von Fleetwood gebauten Karosserie setzte Akzente im Traumwagen-Styling jener Jahre.

Begriffe Bescheidenheit und Sparsamkeit konsequent aus ihrem Vokabular verbannt hatten. Unterm Strich findet sich serienmäßig im Wagen schon die Summe all dessen, was 1953 möglich, sinnvoll, exzentrisch und vielleicht auch überflüssig war – der Eldorado bietet schlicht und einfach Luxus pur. Und dennoch ist alles weitaus weniger protzig angeordnet, als das äußere Erscheinungsbild des Straßenkreuzers vermuten ließe, dessen Maße ein Spiegelbild einer Nation waren, die nicht nur im Automobilbau lange Zeit an Extremen festhielt. Ein verchromter Griff öffnet eine wulstig geformte Tür, nein, ein Tor, für welches nur die Bezeichnung Heavens Gate in Frage kommt. Während man Platz nimmt und sich von kleinen Elektromotoren unter den Sitzen in eine angemessene Position schieben lässt, fühlt man sich gleichermaßen in eine Welt versetzt, die weniger betuchten Autofahrern höchstens nur vom Hörensagen bekannt sein dürfte wie einem Karl May der amerikanische Kontinent.

Chrom und Leder ergänzen sich auf perfekte Art und Weise, ästhetisch und funktionell. Die Sitze des 2+2-Cabrios bieten Platz für mehr als vier Personen. Entsprechend den vier exklusiven Fahrzeugfarben aztec red, azure blue, alpine white und artisan ochre konnte im großzügig mit Leder ausgeschlagenen Innenraum zwischen drei Grundfarbtönen gewählt werden: Rot, Blau und Schwarz mit weißen Einsätzen. Ebenfalls möglich waren drei verschiedene Kombinationen, die aus jeweils zwei Farbtönen bestanden. Servolenkung und Power Brakes, ein Radio, das selbsttätig einen Sender sucht, ein duales Heizsystem und Scheibenwaschanlage, elektrische Fensterheber und ein Verdeck, welches sich diskret und ebenfalls elektrisch in die bereits erwähnte Ablage zurückzieht, sind Features, die das Fahren angenehmer machen. Das wusste auch Cadillac, und im Originalprospekt liest sich das folgendermaßen: »Exciting in its mood...brilliant in its styling...dazzling in his beauty...offering the most exciting colors and the most beautiful interiors in Motordom!«

Doch der Eldorado hatte nicht nur in Sachen Ausstattung die Nase vorn. In einer Zeit, in der sich die Supermächte spektakuläre Schaukämpfe um die nukleare Pole Position lieferten, konkurrierten auch die amerika-

▶ **Der Tankverschluss verbirgt sich unter dem Blinker.**

nischen Autohersteller im Kampf um immer leistungsfähigere Motoren. Cadillac baute 1953 bereits seit 37 Jahren großvolumige V8-Triebwerke und pflanzte dem Eldorado den bisher stärksten Serienmotor Amerikas unter die imposante Haube.

Das 1953 vorgestellte Aggregat war eine konsequente Weiterentwicklung dessen, was 1949 als Meisterwerk gefeiert wurde. Damals fiel der seitliche Ventilantrieb einer zwischen den Zylinderreihen platzierten Nockenwelle zum Opfer. Die Ventile wurden fortan hochmodern über hydraulische Stößel betätigt. Durch diese Maßnahmen sowie durch eine höhere Verdichtung, höhere Drehzahlen und eine fünffach gelagerte Kurbelwelle leistete das Triebwerk mit 5,4 Litern Hubraum jetzt 160 PS und war somit stärker und 85 Kilogramm leichter als der hubraumgrößere Vorgänger. Nur die aus der Vorkriegszeit stammenden, großen V16 von Cadillac übertrafen diesen Motor noch an Leistung.

Die Konkurrenten mussten sich diesem Kraftpaket geschlagen geben und eingestehen, dass sie die Entwicklung schlicht und einfach verschlafen hatten.

Packard verließ sich immer noch auf die betagten Reihenmotoren mit sechs und acht Zylindern. Lincolns alter V8 wurde nur geringfügig überarbeitet, einen Chrysler Hemi gab es noch nicht. Dementsprechend groß war die Nachfrage: Im Modelljahr 1949 wurden 92 554 Cadillac verkauft, für 1953 lagen Ende 1952 bereits 90 000 Bestellungen vor.

Für die Modelle von 1953 wurden Ventilantrieb, Kolben und Verbrennungskammer noch einmal gründlich überarbeitet. Dank der seit 1952 verwendeten Vierfach-Fallstromvergaser von Rochester setzte Cadillac mit 210 PS einen neuen Maßstab. So viel Leistung war genug, um bei schnellen Ampelstarts, einem ur-amerikanischen Macho-Wettbewerb, stets die Nase beziehungsweise die Dagmars vorn zu haben – Cadillac war und blieb Amerikas stärkster Wagen.

Eldorado-Fahrer konnten über solch pubertäres Kräftemessen nur mitleidig lächeln. Allein durch den Besitz des Wagens galt ihre Rangordnung als bestätigt, und demnach fuhren sie außer Konkurrenz. Die im gleichen Jahr vorgestellte Corvette und besonders die britischen Sportwagen, die in jener Ära mit wachsendem Erfolg den Sprung über den großen Teich wagten, waren nicht nur eine individuelle Absage an Gewicht und überflüssigen Schmuck, sondern für solche Mätzchen einfach die besseren Autos. Zumal die Entwicklung des Fahrwerks und der Bremsen des Eldorado und anderer Vertreter der amerikanischen Oberklasse keinesfalls in dem Maße vorangetrieben wurde, wie Gewicht und Ausstattung an Umfang zunahmen.

Vier Trommelbremsen mussten genügen, um den »Goldenen« mit einem Gewicht von fast 2200 Kilogramm zum Stehen zu bringen. Das mag einmal, zweimal gut gehen, bereits beim dritten Mal ist die Bremsanlage jedoch ähnlich überfordert wie das Fahrwerk in engen Kurven. Pure Fahrfreude kommt hingegen dann auf, wenn der Fahrer sich der Gangart des seidig und geschmeidig laufenden Triebwerks anpasst – also jene Fahrweise praktiziert, die in Europa oft verpönt, in Amerika in allerhöchster Perfektion regelrecht zelebriert wird.

Zwar verhindert eine rigorose Geschwindigkeitsbeschränkung allzu forsche Raserei, aber es wäre wohl auch ein Frevel, einen Eldorado dafür zu missbrauchen. Fast so, als wolle man der Weite und Schönheit des Landes Ehrfurcht erweisen, gilt es, die unzähligen Meilen der schnurgeraden Highways und Interstates möglichst geruhsam zurückzulegen. Eine Disziplin, für die ein Eldorado und andere Autos dieser Gattung zweifelsfrei wie geschaffen waren.

Unangefochten Sieger waren Eldorado-Fahrer in einer anderen, für Amerika ebenfalls typischen Disziplin: Hollywoods Glamour- und Glitzerwelt bekam ein neues Objekt der Begierde. Der Eldorado war ein aus Stahl und Chrom gepresstes Denkmal mit allerhöchstem Showeffekt: teuer, selten und gewaltig. Und so hatten Hefners Playboy und Cadillac wirklich etwas gemein: Sie boten der Nation den Stoff, aus dem die Träume sind.

Text: Michael Schröder
Fotos: Thomas Dirk Heere

Daten & Fakten Cadillac Series 62 Eldorado Convertible

▶ **Motor**

Achtzylinder-V-Motor (Zylinderwinkel 90 Grad), längs über der Vorderachse eingebaut, Bohrung x Hub 96,84 x 92,07 mm, Hubraum 5424 cm³, Verdichtung 8,25:1, Leistung 212 PS bei 4150/min, max. Drehmoment 45,6 mkg bei 2700/min; zentrale Nockenwelle, Antrieb über Zahnräder, über Stoßstangen und Kipphebel betätigte Ventile, Gemischaufbereitung durch einen Vierfach-Fallstromvergaser Carter WCFB-2005 S oder einen Rochester Vierfach-Fallstromvergaser 4GC; elektrische Anlage Delco 12 Volt.

▶ **Kraftübertragung**

Hinterradantrieb, automatisches Dual-Range-Hydramatic-Getriebe (Flüssigkeitskupplung und Planetengetriebe), Obersetzungen: I. 4.08, II. 2.63, III. 1.55, IV. 1, Achse 3,07.

▶ **Karosserie/Fahrwerk**

Ganzstahlkarosserie, Kastenrahmen mit Kreuzverstrebungen, vorn Einzelradaufhängung an Trapez-Dreiecksquerlenkern und Schraubenfedern, Stabilisator, hinten Starrachse mit Halbelliptik-Federn, hydraulische Delco-Stoßdämpfer; Saginaw-Kugelkreislauf-

Servolenkung, Trommelbremsen rundum mit hydraulischer Duo-Servo-Bremshilfe; Bereifung 8.20 x 15.

▶ **Maße/Gewicht**

Radstand/Länge 3200/5600 mm, Breite/Höhe 2047/1520 mm, Spur vorn/hinten 1500/1600 mm, Gewicht 2177 kg.

▶ **Fahrleistungen/Stückzahl**

Beschleunigung 0-100 km/h 13,5 s, Höchstgeschwindigkeit 170 km/h. Stückzahl: 532 Einheiten, Preis 1954: 7750 Dollar.

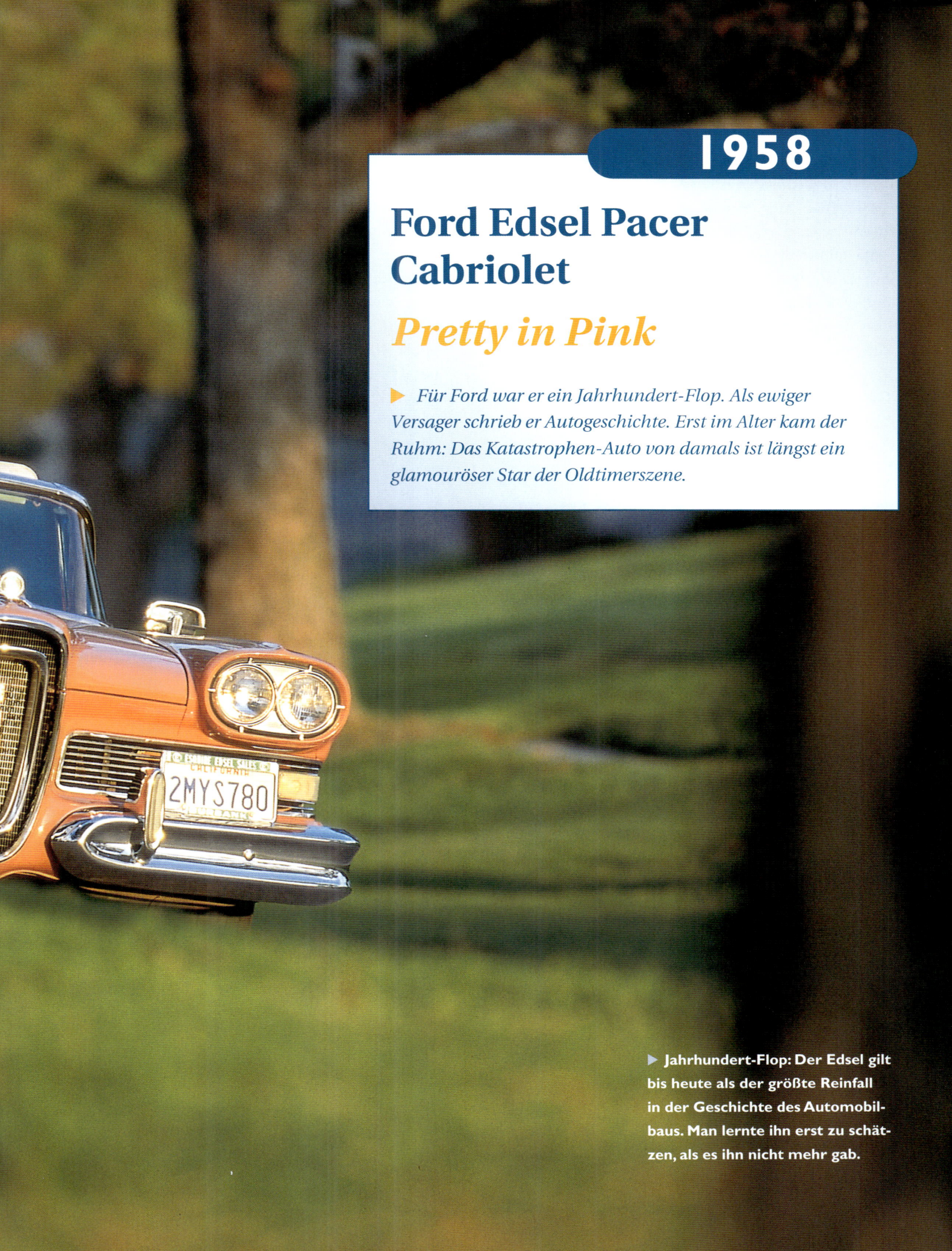

Ford Edsel Pacer Cabriolet

Pretty in Pink

▶ *Für Ford war er ein Jahrhundert-Flop. Als ewiger Versager schrieb er Autogeschichte. Erst im Alter kam der Ruhm: Das Katastrophen-Auto von damals ist längst ein glamouröser Star der Oldtimerszene.*

▶ Jahrhundert-Flop: Der Edsel gilt bis heute als der größte Reinfall in der Geschichte des Automobilbaus. Man lernte ihn erst zu schätzen, als es ihn nicht mehr gab.

Es gab eine Zeit, als Amerikas Moralisten noch keinen Kenneth Starr und keine Praktikantinnen brauchten. Damals genügte schon ein Automobil mit seltsamem Kühlergrill. Arglose Betrachter erinnerte seine Form an ein Pferdekummet, abgründige an einen Toilettensitz. Aber Amerikas Puritaner hatten im Antlitz des Edsel das Unfassbare entdeckt: Vaginös sehe das jüngste Mitglied der Ford-Familie aus, zischelten die Sittenwächter – und forderten ihre Landsleute zum Boykott des unziemlichen Designobjekts auf.

Das wäre nicht wirklich nötig gewesen. Amerikas Kunden verstanden nicht einmal den Namen der Dearborner Retortenmarke: Edsel, der Vorname von Henry Fords ältestem Sohn, erinnerte sie im Interview mit Marktforschern an »Brezel« und »Wiesel«. Dabei war der Familienname aus über 18 000 Vorschlägen ausgewählt worden: Zu ihnen zählten auch Schöpfungen wie »Intelligent Bullet« und »Utopian Turtletop« – sie stammten aus der Feder einer amerikanischen Lyrikerin, deren Dichtkunst sich Ford auf Stundenbasis gesichert hatte.

Die Biographie des Edsel liest sich wie ein Sammelband schriller Anekdoten. Tatsächlich hatte es nie zuvor eine pompösere Automobil-Premiere gegeben – und nie mehr danach ein solches Desaster.

Über 60 Millionen Amerikaner verfolgten 1957 die Edsel-Premierenshow vor dem Fernseher – mit Hauptdarstellern wie Frank Sinatra und Bing Crosby. Dass beide nie einen Edsel kauften, hatten sie mit der Mehrheit ihrer Zuschauer gemeinsam: Aus dem Absatzziel von 200 000 Edsel pro Jahr wurden 110 000 Wagen – in zwei Jahren. Und jeder fuhr 400 Dollar Verlust ein.

Als Ford im November 1959 das Fließband stoppte, hatte Amerika ein neues Synonym für hoffnungsloses Scheitern. Der Edsel teilt seitdem das Schicksal aller einsamen Helden, deren Leben laut und etwas zu kurz geriet: Er wurde zur nationalen Legende.

Bis in die Neuzeit irrlichtert der Mega-Flop durch US-Kreuzworträtsel – als »Fords größter Fehler« mit fünf Buchstaben. Selbst Hollywood schlachtet den ewigen Verlierer bis heute als Gag-Lieferanten aus. In der Krimi-Komödie »Die nackte Kanone« verirrt sich Hauptdarsteller Leslie Nielsen in eine »Katastrophen-Bar«, an deren Wand gerahmte Fotos hängen: die sinkende Titanic, das brennende Luftschiff Hindenburg – und ein Edsel-Werksbild.

Es zeigt ein Cabriolet des Jahrgangs 1958, wie es Gary Weber aus Tujanga in Kalifornien über die Zeit gerettet hat. »Mit einem Edsel hast du heute alle Sympathien auf deiner Seite«, schwört der 68-Jährige hinter dem dünnen, rosafarbenen Volant. Und er zitiert das Motto aller Edsel-Fans, in dem sich Trotz und Überzeugung zum Statement verbinden: »Er war kein Verlierer«, sagt Weber, »er war ein Erfolg mit Verspätung.« Sie zog sich hin, bis der Edsel zur Antiquität geworden war. Das Cabriolet ist ein Hochpreis-Klassiker unter den Mainstream-Autos der Fünfziger – mit Preisen über 25 000 Dollar.

Der Glanz des späten Glücks liegt heute über seinem Metalliclack, der den pathetischen Originalnamen

Historie

▶ **1955**
Gründung der Marke Edsel.

▶ **1957**
Präsentation des Edsel im August. Ford bietet vier Modellversionen an: Ranger, Pacer, Citation und Corsair.

▶ **1958**
Die erfolglose Edsel-Division verschmilzt mit den Ford-Marken Mercury und Lincoln. Neues Edsel-Design mit dezenterem Kühlergrill. Nur noch Ranger und Corsair lieferbar, drastisch ausgedünntes Sonderausstattungsprogramm.

▶ **1959**
Der unspektakulär gestylte Modelljahrgang 1960 lebt nur drei Monate: Im November stoppen die Edsel-Bänder.

▶ **Die Panoramascheibe war 1958 ein detail à la mode.**

»Sunset Coral« trägt. Das Leerlauf-Bollern seines V8-Motors, dem ein zusätzlicher Schalldämpfer zu fehlen scheint, klingt wie ein rülpsender Soundtrack der Übersättigung. Und fast provozierend wirkt die mechanische Gelassenheit, mit der sich das massige Verdeck per Knopfdruck in sein Abteil faltet.

Der Versager von einst ruht in der Masse seiner fast 1900 Kilogramm Leergewicht, in der Tiefe von sechs Liter Hubraum und einem Karosseriemaß, das es fast erlauben würde, eine Isetta auf der Rückbank zu transportieren. Selbst seinen Kühlergrill muss ein Edsel heute nicht mehr als Kainsmal vor sich hertragen: Die Erinnerung an die amerikanischen Luxusmarken der Vorkriegszeit ist den Oldtimer-Fans der Clinton-Ära näher als den Autolaien der Fünfziger.

»Er sollte aussehen wie ein Klassiker – unverwechselbar«, sagt heute Roy Brown, der Designer des Edsel. An seinem ersten Arbeitstag stand er mit drei Kollegen auf

▶ **Teletouch hieß die Vorwähl-Automatik in der Lenkradmitte.**

▶ E 400, ein Kunstname: Die PS-Leistung ist dann doch etwas niedriger.

▶ Als Detroit Flossen trug, konterte Edsel mit eleganten Schwingen.

der Straße. »Nach ein paar Stunden an einer belebten Kreuzung waren wir uns einig, dass alle amerikanischen Autos fast gleich aussehen«, sagt der 80-Jährige. Weil im Detroiter Blech-Chic damals quer liegende Kühlermasken en vogue waren, passte Brown dem Edsel seinen Hochkant-Grill an. Statt spitzer Flossen modellierte er jene schlanken Heckleuchten, deren horizontaler Schwung an ausgestreckte Vogelschwingen erinnert. Und anstelle eines banalen Lenkradschalthebels verlegte Brown die Automatikwähltasten in die Lenkradnabe. Auch das passt zur Aura des entspannten Riesen, mit der sich heute ein voll restaurierter Edsel umgibt. Mit leisem, metallenem »Klack« rastet die D-Taste ein, und das Knistern des Elektromotors begleitet die Suche nach der Fahrstufe.

Die Zeremonie erinnert an die dezente Mechanik einer Wurlitzer-Jukebox, wie sie in den Diner-Restaurants der Fünfziger stand. Und genau so fühlt es sich auch an, auf der Edsel-Sitzbank Platz zu nehmen. Sie ist topfeben, breit genug für vier, zum Einsinken weich und mit zweifarbigem Kunstleder bespannt. Für Freunde des nostalgischen Amerika ist es fast so, als würden sie auf die Be-

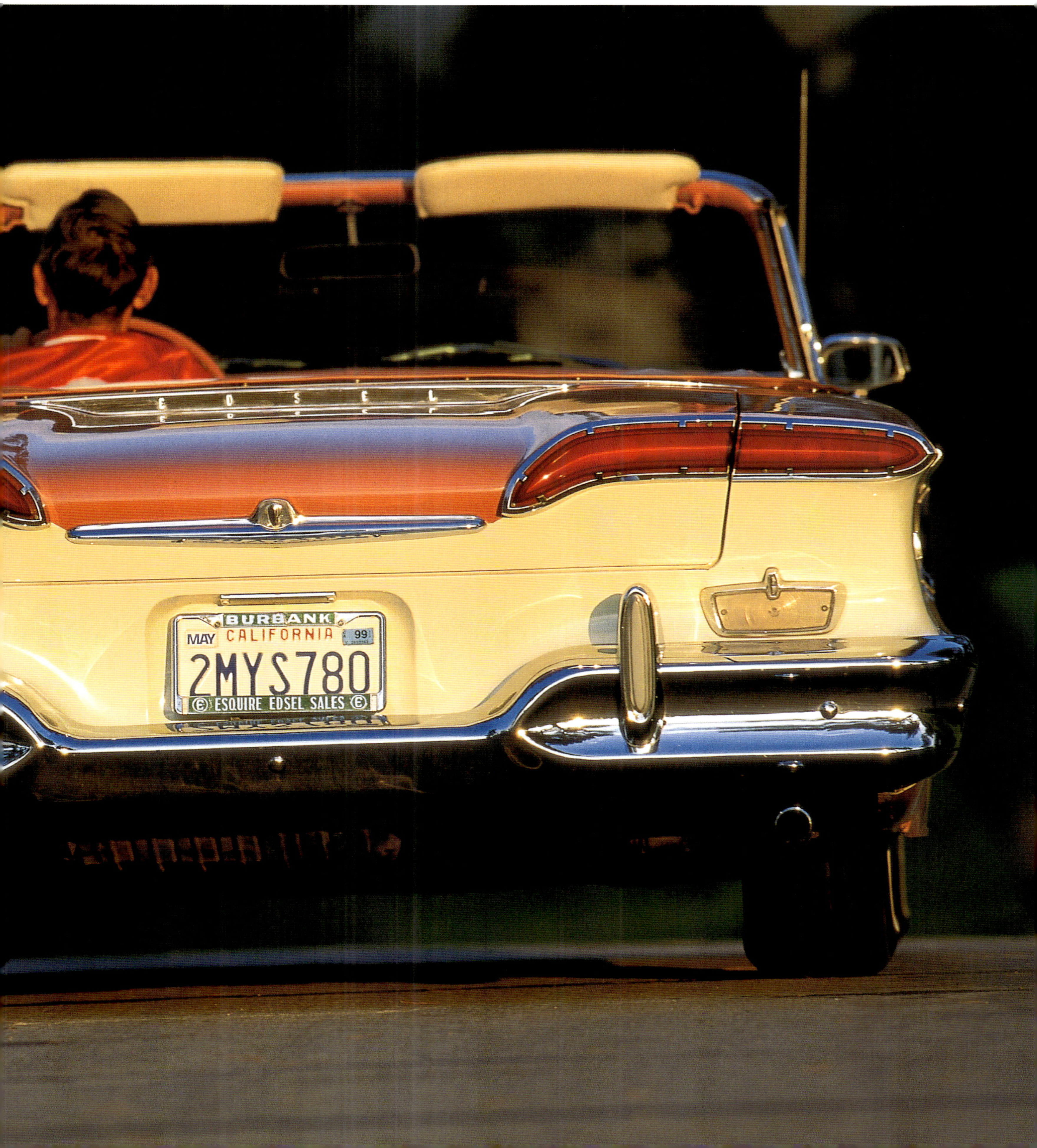
BURBANK
MAY CALIFORNIA 99
2MYS780
ESQUIRE EDSEL SALES

▶ **Drehmoment und flaues Fahrwerk machen den Edsel zum beschaulichen Cruiser.**

Rundinstrumenten wölbt sich das Schauglas eines Walzentachos, hinter dem das angezeigte Meilentempo im Takt der Bodenschwellen schaukelt.

Den Ehrgeiz des Edsel zur Extravaganz förderten freilich nicht nur seine Designer. In seinem Heck stempelt zwar die branchenübliche Starrachse, und die Nockenwelle seines V8-Motors rotiert tief unten im klobigen Graugussklotz. Dafür enthielt die Aufpreisliste schon einen Tempomaten, eine Zentralschmierung für das Fahrwerk und eine Luftfederung. Wer noch 93,45 Dollar in der

dienung warten, die Kaffee nachschenkt und Baconburger serviert.

Auch das Armaturenbrett des Edsel eignet sich nur bedingt zum Wiedereintauchen in die Wirklichkeit. Das Instrumentenbord ist mit glänzendem Aluminium garniert und von einem rosafarbenen Plastikrahmen umgeben, dessen Schwung nur die gewagtesten Tankstellen-Vordächer der Fünfziger übertreffen. Über vier

▶ **Im Design-Mainstream der späten Fünfziger war der Edsel ein Einzelgänger mit sorgsam dosiertem Chromzierat.**

Tasche hatte wie der Erstbesitzer von Gary Webers Edsel, der orderte die Dial-A-Temp-Heizung, deren Temperatur sich über ein Rändelrad einstellen lässt: »Die Seilzüge werden per Elektromotor bewegt, ein kleines mechanisches Wunder«, sagt Weber.

Meistens blieb das schwungvolle Interieur aber schon in den Fünfzigern kalt: Das High-Tech-Heizkraftwerk entpuppte sich als fragiles Feature. Und auch die Drucktasten-Automatik trieb Edsel-Eigner erst in die Werkstatt und dann in den Wahnsinn: Feuchter, festgefrorener Schmutz ließ die Schaltseile im Winter bombenfest sitzen. Der Edsel bewegte sich oft nur rückwärts.

Bald steckte Dearborns Stolz bis zu den Achsen im Schlamm. Verarbeitungsmängel kratzten am Lack mit dem lyrischen Namen: Ford hatte zum Edsel-Debüt nicht etwa die Zahl der Montagearbeiter erhöht, sondern die Bänder schneller laufen lassen. Die Arbeiter rächten sich auf ihre Art: »Sie wussten, was sie dem Edsel zu verdanken hatten«, notierte später der Journalist Robert Lacey in seinem Buch *Ford – eine amerikanische Dynastie.*

Heute weiß das auch Edsel Bryant Ford, der Enkel von Edsel, dem Ersten. Als er vor einigen Jahren das Krankenhaus besuchte, in dem er 1949 zur Welt kam, suchte er in den Büchern nach seinen Geburtsdaten.

Edsel fand nicht nur Datum und Uhrzeit, sondern auch

▶ **Das größte Problem des Edsel war seine Optik, geprägt vom eigentümlichen Kühler-Motiv. Auch die hektische Modellpflege änderte nichts daran.**

einen handschriftlichen Zusatz, der später hinzukam: »Ein Auto mit vier platten Reifen.«

Text: Christian Steiger
Fotos: Ulli Jooß

Daten & Fakten Ford Edsel Pacer Cabriolet

▶ **Motor**

Achtzylinder-V-Motor, hängende Ventile, betätigt über Stoßstangen und Kipphebel, zentrale Nockenwelle, ein Fallstrom-Vierfachvergaser, Bohrung x Hub 102,8 x 88,9 mm, Hubraum 5911 cm³, Leistung 307 SAE-PS bei 4600/min, max. Drehmoment 543 Nm/2800/min.

▶ **Kraftübertragung**

Hinterradantrieb, Dreigang-Schaltgetriebe, auf Wunsch Dreigang-Automatikgetriebe mit Wähltasten in Lenkradnabe.

▶ **Karosserie/Fahrwerk**

Ganzstahlkarosserie auf Kastenrahmen, vorn Einzelradaufhängung an Dreieckslenkern und Schraubenfedern, hinten Starrachse an Blattfedern, vier

Trommelbremsen, Servohilfe und Luftfederung auf Wunsch.

▶ **Maße/Gewicht**

Länge/Radstand 5410/2998 mm, Breite/Höhe 2000/1430 mm, Gewicht 1885 kg.

▶ **Fahrleistungen/Verbrauch**

Höchstgeschwindigkeit 175 km/h, Verbrauch zirka 18 bis 20 Liter/100 km.

1959

Cadillac Series 62 & Chevrolet Impala

Flossen hoch...!

▶ *Beide Marken gehören zum GM-Konzern, und beide verfügen über üppiges Flossenwerk. Gleichwohl trennten Cadillac Series 62 Convertible Coupé und Chevrolet Impala Convertible, beide von 1959, mehr als ein Neupreis-Unterschied von fast 100 Prozent.*

▶ **Hut ab: Die beiden amerikanischen Cabrio-Giganten bieten Luxus im Überfluss - Show-Effekt garantiert.**

üßlich perlt Elvis aus dem Lautsprecher: »Love me tender, love me sweet... « Behäbig und mit dem unverkennbar satten Soud einer amerikanischen V-Acht-Maschine setzt sich der offene Cadillac Series 62 in Bewegung und gleitet sanft schwankend wie ein Ozeanriese in leichter Dünung von dannen. Ihm folgt ein schwarz lackierter Chevrolet Impala, ebenfalls ohne Dach und mit einer lasziven Trägheit, wie sie nur waschechte Ami-Straßenkreuzer an den Tag legen. Memphis, Tennessee, anno 1959? Irrtum, Verden an der Aller, an einem Montag im August 1992.

Der hastig vorbeirasende Opel Kadett GSI (verspoilert und mit Hecksticker »Lieber Golf spielen als Golf fahren«) reißt uns unsanft aus unseren Träumereien. Zum Glück ist der 6000/min-Spuk schnell verflogen, und wir können uns wieder ganz unseren beiden Flossen-Riesen widmen. Beginn wir beim kleineren – oder besser – beim weniger großen von beiden: dem Chevy Impala Convertible von 1959.

Wer bei Chevrolet auf die Idee gekommen ist, dieses Auto Impala zu taufen, hat wahrscheinlich im Biologie-Unterricht geschlafen. Denn der Chevy gleicht weniger einer flinken, wendigen Antilope, sondern eher einem schwerfälligen Flusspferd. Schon das Öffnen der Türen vermittelt das Gefühl von Größe und Gewicht. Hinter dem riesigen, topfförmigen Lenkrad fühlt sich der Fahrer trotz geöffneten Verdecks wie in einer uneinnehmbaren Trutzburg.

Sowohl auf der vorderen als auch auf der hinteren, couchähnlichen Sitzbank finden jeweils drei Personen bequem Platz – ein sechssitziges, zweitüriges Cabrio, so etwas kann nur von der anderen Seite des Großen Teiches kommen. Für das Amerika der späten 50er Jahre war das alles nichts Besonderes, und eigentlich wäre der Impala ein ganz normales Auto seiner Zeit gewesen, wenn da nicht diese gigantischen Flossen am Heck wären.

»Möwenschwinge«, »Schwalbenschwanz«, »Fledermausflügel« – der Phantasie bei der Namensgebung der waagerecht ausgeformten Heckflossen ist keine Grenze gesetzt. Egal von welcher Seite das Auto betrachtet wird, der Blick wird magisch auf die bizarre Formgebung des

Kurz Historie

▶ 1959er Cadillac Series 62

Der 1959er Cadillac wurde bereits 1956 entworfen. Da Chrysler drohte, GM den Rang in Sachen Styling abzulaufen, sah sich Design-Chef Harley Earl genötigt, eine Antwort auf die immer üppigeren Flossen der Konkurrenzmodelle zu bringen. Doch schon 1960 erkannte man die ausufernde Entwicklung und stutzte dem Cadillac die Schwingen, bis sie Mitte der 60er Jahre ganz verschwanden.

In der Modellentwicklung steht der Jahrgang 1959 isoliert da. Weder Vorgänger noch Nachfolger sind mit dem Flossenmonster von 1959 vergleich-bar. Die Series 62 bestand aus dem Modellvarianten - Viertürer »Four-window« und »Six-Window«, Sedan-Zweitürer sowie dem Cabrio. Als Motor stand nur ein 6,4-Liter-Aggregat mit 325 PS und 345 PS im Eldorado zu Verfügung.

▶ 1959er Chevrolet Impala

Die Chevrolet-Werbeparole 1959 lautete »All new, all over again«, und genau nach diesem Motto kreierten die GM-Stylisten den Impala: Man ließ auch den ausgefallensten Ideen freien Lauf. Zu dieser Zeit überarbeiteten die Auto-Hersteller die Karosserien ihrer Modelle im Jahresrhythmus. Die Impala-Modellreihe umfasste acht Typen in vier Karosserievarianten: Cabrio, Sport Coupé-Hardtop, Viertürer-Limousine und Sport Sedan-Hardtop. In der Chevrolet-Modellhierarchie rutschten die weniger üppig ausgestatteten Bel Air- und Biscayne-Typen in die zweite und dritte Position. Insgesamt standen Kaufinteressenten zwölf Motoren zur Wahl, darunter vier 4,6 Liter und sieben 5,7 Liter sowie ein 3,8-Liter-Sechszylinder. Mit 473 000 Einheiten avancierte der Impala zum Bestseller.

▶ Gäbe es für Autos Größenangaben wie bei Textilien, der Caddy wäre vom Format XXL. Das gilt auch für das, was sich hinter der Lampenbatterie am Bug abspielt: Der Cadillac-V-Achtzylinder schöpft aus dem Vollen – 6,4 Liter, 325 PS.

Kofferraumdeckels gelenkt. Doppelscheinwerfer, nasenlochähnliche Öffnungen über dem blitzenden Kühlergrill und verchromte Zierleisten en masse – all das verblasst angesichts der einzigartigen Heckpartie.

Der amerikanische Autotester Tom Mc Cahill brachte es auf den Punkt: »Die Heckflügel sind groß genug, um mit einer Piper darauf zu landen.« Auch für den heutigen Besitzen waren's die Flossen, die ihn faszinierten. »Ich hatte schon immer eine Schwäche für amerikanische Wagen. Mein Vater fuhr einen Kaiser Darrin, dann einen Ford Thunderbird. Seit dieser Zeit schlägt mein Herz für den 1959er Impala«, sagt Chevy-Eigner Holger Sachse aus Achim bei Bremen.

Dass man mit dem Auto mächtig Fahrspaß haben kann, steht für ihn außer Frage. »Ich brauche das Auto als Ausgleich zum Alltag. Gemütlich, mit offenem Verdeck und Musik der 50er Jahre zu einem Treffen zu cruisen – was kann es Schöneres geben?« Der Impala fährt sich spielend einfach. Sein 5,7-Liter-V8-Motor, von GM-Freaks

respektlos »small block« genannt – liefert 280 PS an die Zweigang-Automatik. Damit ist der Wagen immerhin gut für rund 180 km/h – theoretisch. »Trommelbremssystem, Servolenkung, da traut man sich kaum, schnell zu fahren«, meint Holger Sachse.

Die Lenkung ist derart indirekt – von Anschlag zu Anschlag sind's 5,25 Lenkradumdrehungen –, dass sich der Wagen absolut ohne Gegengewicht des Plastik-Lenkrads rangieren lässt. Bei höheren Geschwindigkeiten reagiert er deshalb logischerweise wie ein Supertanker in stürmischer See – wehe, er läuft aus dem Ruder. Also bleiben wir bei unserem persönlichen 100 km/h-Limit und genießen das, was diese monumentalen Automobile auszeichnet: sanftes, stressfreies und fast lautloses Gleiten durch die grüne Weserlandschaft.

Das ist eine Disziplin, die unser weißer Riese auf diesen Seiten noch eine Spur besser beherrscht. Denn der 1959er Cadillac Coupé Convertible verfügt über den 6,4 Liter großen Big-Block-Motor mit 325 PS. Moment mal,

▶ Drei Doppelvergaser sorgen im Impala für Dampf: 5,7 Liter, 280 PS – und rote Ventildeckel.

wie heißt das Auto? Coupé Convertible? Was eine Paradoxie ist, hat für die Cadillac-Typologie keine Bedeutung. Weil der Wagen mit geschlossenem Verdeck aussieht wie das »Two-Door-Hardtop Coupé« gleichen Baujahres, taufte man den Dampfer einfach Coupé Convertible, deutsch etwa Coupé-Cabrio.

Dieses Auto verkörpert den Höhepunkt der Detroiter Design-Auswüchse, den ultimativen Straßen-Kreuzer sozusagen. Kein Wagen vorher oder nachher trug ausladendere Flossen zur Schau. Mit einer Gesamtlänge von 5,72 Meter ist der ebenfalls als Sechs-Sitzer konzipierte Caddy um 36 Zentimeter länger als der im direkten Vergleich plötzlich unscheinbar wirkende Chevy. Das Schlachtschiff aus der Detroiter Edelschmiede ist nicht nur länger und breiter, sondern vor allem auch schwerer.

Gegen die 2345 Kilo Leergewicht des Cadillac ist der 1930 Kilo leichte Chevy Impala ein Auto aus der Federgewichts-Klasse. Gäbe es für Autos Größenangaben wie

▶ **Startflaggen am Bug, Lenkrad mit Loch-Imitat und Rundinstrumente – im Vergleich zum Caddy macht der Chevy auf dynamisch.**

▶ 2,3 Tonnen stemmen sich in Diagonalreifen – wehe, der Cadillac-Dampfer läuft aus dem Ruder.

in der Textilbranche, der Cadillac wäre ohne Zweifel ein Wagen der Kategorie XXL. Augenscheinlichstes Merkmal ist auch bei ihm die gewaltige Heckpartie. Die endlos himmelwärts strebenden Heckflossen erinnern an Flugzeugleitwerke, und in der Tat soll Designer Harley Earl schon 1941 durch das damals geheime Lockheed-Jagdflugzeug zu diesem gewagten Entwurf inspiriert worden sein. Es sind aber nicht nur die Kingsize-Heckflossen, die auf den Betrachter Reize ausüben.

Anders als beim vergleichsweise schmucklosen Chevy-Heck häuften die Stylisten Chromzierrat und verspielte Details mit der Schaufel auf das Hinterteil des Cadillac. Neben den torpedoförmigen und in die Flossen eingebauten Raketen-Leuchten bekam der 1959er Cadillac Convertible triebwerkähnliche und chromumrandete Abschlussleuchten verpasst. Dazwischen glitzert ein funktionsloser Heckgrill.

Ein Blickfang ist auch die Frontpartie. Zusätzlich zu den Doppelscheinwerfern erhielt der Wagen »cruising-lights« und Blinker in die Stoßstange integriert. Mit dem riesigen Doppelgrill wirkt die Schnauze ähnlich imposant wie das Heck. »Ist ja wahnsinnig. Überall wo man hinschaut, glänzender Chrom. Hier kann ich mich richtig austoben«, meint Fotograf Heere. Allein mit optischen Reizen konnte man die verwöhnte Cadillac-Klientel natürlich nicht ködern. Mindestens ebenso wichtig wie die Fassade waren Ausstattung und Komfort-Features. Selbstverständlich verfügt das Cabrio somit über elektrisch betätigte Fensterheber und Radioantenne –

▶ **Sonne gefällig? Knopfdruck genügt, und die Straßen-kreuzer zelebrieren ein »Sesam öffne Dich«. Nur die Verdeckpersenning muss hier wie da per Hand zuge-knöpft werden.**

1959 mussten selbst Rolls-Royce-Passagiere noch kur-beln und fummeln. Die beiden Ausstellfenster werden nicht wie bei gewöhnlichen Autos von einem lächerli-chen Hebelchen betätigt. Nein, hierfür steht dem Cadil-lac-Kapitän eine verchromte Kurbel zur Verfügung.

Doch damit nicht genug: Zur Serienausstattung gehört eine elektrisch verstellbare Sitzbank. Für den Fall, dass sich die Passagiere eine Lucky Strike anstecken wollen – bitteschön: Vorne warten zwei separate Aschenbecher und zwei Zigaretten-Anzünder. Zu warm? Zu kalt? –

auch das kein Problem. Auf Wunsch war eine Klimaanlage (auch im Cabrio!) erhältlich. Und wer wollte, orderte Luftfederung. Dabei handelt es sich beim Coupé Convertible quasi um die Einfach-Version von Cadillac.

Wer noch mehr Luxus wünschte, griff zum Eldorado Biarritz Convertible. Mit einem Preis von knapp 7500 Dollar war diese Cadillac-Variante aber fast 2000 Dollar teurer als das hier vorgestellte Cabriolet – ein stattlicher Mehrpreis, für den man schon eine Zwei-Drittel-Anzahlung auf den Chevy Impala leisten konnte.

Im amerikanischen Alltag war es durchaus üblich, dass Hausfrauen im offenen Chevy und mit Lockenwickler im Haar zum Supermarkt um die Ecke fuhren. Er kostete nur knapp 3000 Dollar. Der Cadillac dagegen war etwas Besonderes und für die wirklich vermögende Klientel reserviert. Elvis kaufte gleich 32 Stück – einen für die Mutti.

In Deutschland kostete der Impala damals rund 20 000 Mark und war damit etwa in der Preisregion eines Mer-

▶ **Caddy-Feeling: Lichte Weite, lederne Sofas im Breitformat und schnörkelige Details im Cockpit: Kein Zweifel, der Caddy ist der ultimative Straßenkreuzer.**

cedes 220 SE Cabrio angesiedelt. Kein Wunder also, dass vom offenen Chevy 65 800 Exemplare verkauft wurden, vom Caddy aber nur 11 300. Verrückt, aber wahr: Für den Gegenwert des Cadillac hätte man 1959 in Deutschland einen Mercedes 300 SL plus einen Ponton-180er bekommen; ein Dollar kostete rund vier Mark. Heute sind die Preisunterschiede der beiden Amis nivelliert. »Für einen gut erhaltenen offenen 1959er Caddy werden Preise ab 40 000 Euro bezahlt. Gleichwertige Chevys sind um 35 000 zu haben«, sagt Heinz Eickenbusch vom »Pre 50 American Auto Club«. Und was den Show-Wert angeht, versteht auch der Impala zu protzen.

Der Chevy ist zwar insgesamt weniger verspielt, weniger beladen mit Zierrat. Aber ganz ohne funktionslosen Schnickschnack kommt auch er nicht aus. So ist beispielsweise eine der beiden auf die Fledermaus-Schwingen gepflanzten Radio-Antennen überhaupt nicht angeschlossen und soll lediglich für eine symmetrische Optik sorgen. Zierleisten, Wappen, Schriftzüge und Radkappen gehören natürlich auch zur blitzenden Chevy-Chromorgie. Wer die beiden Autos genau unter die Lupe nimmt, wird kaum Qualitätsunterschiede feststellen. Im Gegenteil: Passungen und Verarbeitung sind beim Caddy im Detail nur mäßig. »Die Amis nahmen's halt

nicht so genau«, verzeiht Cadillac-Besitzer Raimund Will aus Grifte bei Kassel seinem Schmuckstück nonchalant.

Das Fahr-Feeling ist in beiden Autos sehr ähnlich. Der Caddy wirkt insgesamt etwas behäbiger. Da noch die Original-Diagonalreifen montiert sind, läuft er nie richtig geradeaus. Der Fahrer muss ständig korrigieren, und sobald sich die Nadel des waagerecht angeordnete Tacho der 60-Meilen-Markierung nähert, wird der rechte Fuß aus reinem Selbsterhaltungstrieb leichter.

»Die Fahreigenschaften sind gleich null«, gibt Raimund Will freimütig zu. »Dennoch bin ich verliebt in den Wagen. Die Menge an Luxus, das Gefühl, etwas ganz Besonderes zu fahren und gemächlich über die Landstraße zu gleiten – einfach traumhaft.« Der vierstufige GetriebeAutomat schaltet kaum spürbar, und der Achtzylinder scheint bei jeder Geschwindigkeit mit der gleichen Drehzahl vor sich hin zu blubbern.

Wie es sich für Luxuskarossen gehört, funktioniert bei beiden Wagen der Verdeckmechanismus elektrisch. Knopfdruck genügt, ganz langsam heben sich die riesigen Verdecke aus der Versenkung und stehlen wegen der

▶ **Geschlossen sehen beide Cabrios ihren Coupé-Geschwistern mit Festdächern zum Verwechseln ähnlich. Die gewaltig dimensionierten Zeltplanen überspannen zwei breite Sitzreihen, auf denen sich jeweils drei Menschen nicht beengt fühlen.**

imposanten Größe des Zeltdachs jedem neuzeitlichen Mercedes SL die Schau. Auch geschlossen herrscht in beiden Autos eine gute Rundumsicht. Allerdings müssen die Insassen jetzt mit starken Windgeräuschen leben.

Aber das sind bei diesen Autos Beurteilungskriterien, die so fehl am Platz sind wie ein katholischer Pfarrer im Freudenhaus. Aus heutiger Sicht sind sie nur faszinierend. Sie sind Ausgeburten ihrer Zeit, prototypische Geschöpfe eines euphorischen Amerikas, fern jeder Rezession. Und genau so sollten wir sie sehen. Als unwiederbringliche Reliquien aus dem Land der unbegrenzten Möglichkeiten.

Text: Jörg Maltzan
Fotos: Thomas-Dirk Heere

▶ Bei zügiger Kurvenfahrt wird`s im Caddy wie auch im Impala stressig – schnurgerade Highways liegen den beiden Straßenkreuzern mehr.

▶ Familien-Verwandtschaft zwischen Cadillac und Chevrolet verrät einzig der ähnliche Schwung der verchromten Windschutzscheiben-Rahmen

Daten und Fakten Cadillac Series 62

▶ Motor

Achtzylinder V-Motor, längs über der Vorderachse eingebaut, Bohrung x Hub 101,6 x 98,5 mm, Hubraum 6391 cm^3, Verdichtung 10,5:1, Leistung 325 PS bei 4800/min, maximales Drehmoment 55,9 mkg bei 3000/min, fünffach gelagerte Kurbelwelle, zentrale Nockenwelle, über Stoßstangen und Kipphebel betätigte Ventile, 1 Carter AFB Vierfach-Vergaser 2814S.

▶ Kraftübertragung

Hinterradantrieb, automatisches Vier-gang-Getriebe (2 Flüssigkeitskupplungen), Achsuntersetzung 3,21:1.

▶ Karosserie/Fahrwerk

Zweitürige Ganzstahlkarosserie auf X-Rahmen mit Kastenträgern, vorn Einzelradaufhängung mit Trapez-Dreiecks-querlenkern und Schraubenfedern, hinten Starrachse mit Schraubenfedern, vorn und hinten Teleskop-Stoßdämpfer, auf Wunsch Luftfederung; Moraine-Trommelbremsen rundum

mit Hydrovac-Servo-Bremshilfe; Bereifung 8.20x15-6.

▶ Maße/Gewicht

Radstand/Länge 3302/5715, Breite/Höhe 2030/1380 mm, Gewicht 2345 kg.

▶ Fahrleistungen/Stückzahl

Höchstgeschwindigkeit 192 km/h, Beschleunigung 0-96 km/h 11,5 s. Stück-zahl: 70 736 (Series 62), davon 11 130 Cabrios.

► Die Haubendeckel scheinen groß genug, um eine Piper Cup darauf landen zu lassen.

Daten und Fakten Chevrolet Impala von 1959

► **Motor**

Achtzylinder V-Motor, längs über der Vorderachse eingebaut, Bohrung x Hub 104,785 mm x 82,55 mm, Hubraum 5692 cm³, Verdichtung 9,5:1, Leistung 280 PS bei 4800/min, maximales Drehmoment 49,1 mkg bei 3200/min, fünffach gelagerte Kurbelwelle, zentrale Nockenwelle, über Stoßstangen und Kipphebel betätigte Ventile, 3 Fallstrom-Doppelvergaser in Registeranordnung (Rochester 7013007).

► **Kraftübertragung**

Hinterradantrieb, Automatische Kraftübertragung, Turbo- oder Powerglide, Achsuntersetzung 3,08:1.

► **Karosserie/Fahrwerk**

Zweitürige Ganzstahl-Karosserie auf X-Rahmen mit Kastenträgern; vorne Einzelradaufhängung mit Trapez-Dreiecksquerlenkern und Schraubenfedern, hinten Starrachse mit Schraubenfedern, Längsschubstreben, Drehmomentstütze und Panhard-Stabilisator, vorn und hinten Teleskop-Stoßdämpfer, vorn Kurvenstabilisator, Trommelbremsen rundum, Handbremse auf Hinterräder wirkend; Kugelumlauflenkung mit Saginaw-Lenkhilfe.

► **Maße/Gewicht**

Radstand/Länge 3023/5360 mm, Breite/Höhe 2020/1440 mm, Spur vorn/hinten 1532/1506, Gewicht 1930 kg.

► **Fahrleistungen/Stückzahl**

Höchstgeschwindigkeit 175-190 km/h, Beschleunigung 0-96 km/h 9 s. Stückzahl: 437 000, davon 65 800 Cabrios.

Chevrolet Corvette Sting Ray

Mainhattan Transfer

▶ *Ihren 40. Geburtstag erlebt in diesem Jahr die erste Chevrolet Corvette, die den Zusatznamen Sting Ray trug. Motor Klassik feiert stilgerecht auf der Bühne, die einen Hauch von Amerika verbreitet – auf den Straßen der Mainmetropole Frankfurt.*

▶ **Amerika am Main:** Vor der Skyline der Metropole Frankfurt erlebt die Corvette Sting Ray dezente Heimatgefühle. Das geteilte Heckfenster zeugt von einer Zeit, als die Form noch wichtiger sein durfte als die Funktion.

OL · JL711

Nein, sagte Bill Mitchell, Design-Chef bei General Motors, energisch. Nein – die in Längsrichtung verlaufende Strebe inmitten des Heckfensters der neuen Corvette müsse exakt so bleiben, wie er sie sich vorgestellt habe.

Auf der Gegenseite argumentierten zwei Herren für eine andere Lösung: Larry Shinoda, Designer, und Zora Arkus Duntov, Cheftechniker, plädierten für eine durchgängige Heckscheibe, um den Fahrern die ungehinderte Sicht nach hinten zu ermöglichen.

Doch Mitchell setzte sich schließlich durch und begründete damit eine Legende, die für Corvette-Liebhaber mit »split window« betitelt ist: Die neue Chevrolet Corvette des Modelljahres 1963, die zum ersten Mal den Zusatz Sting Ray an ihr Typenschild geheftet bekam, trug auf ihrem Rücken eine breite Kante. Sie unterteilte das Heckfenster eindrucksvoll in zwei Hälften – Anfang der sechziger Jahre durfte die Form bisweilen noch wichtiger als die Funktion sein, die Losung »Form follows function« galt noch nicht für alle Autos.

Ganz im Gegenteil – beidhändig griff Mitchell in die

▶ **Ein Steg, der Geschichte schrieb: Das geteilte Heckfenster kennzeichnet die erste Sting Ray-Version von 1963.**

große Kiste der Gestaltungsmöglichkeiten und über-häufte den Sting Ray mit einer Vielzahl optischer Spiele-reien, Schnörkel und Details, denen nur in den wenigs-ten Fällen konstruktive Bedeutung zukam: Die beiden Lüftungsgitter in der Motorhaube ließen Luftströme nur wenige Millimeter tief eindringen, denn die Sicke in der Kunststoffhaube war geschlossen. Die breiten Vertiefun-gen in der B-Säule und zwischen Vorderrädern und Türen dienten ebenso nur der Optik und keineswegs der Belüftung. Und die deutlich nach oben gewölbten Kot-flügel brauchten auch keine überdimensionalen Räder aufzunehmen, bilden jedoch einen herrlichen Kontrast zur kantigen Grundform der Corvette. Diese findet sich auch schon in der GM-Rennwagenstudie Stingray – die-ses Mal als ein Wort geschrieben – von 1960/61.

Mit ihren Kanten schmückte sich die Serien-Corvette nun erstmals. Denn die erste, zehn Jahre zuvor einge-führte Corvette-Reihe erfreute Amerika und den kleinen Rest der Welt noch mit ausschließlich runden Formen.

▶ **Halbrunde Ausbuchtungen sorgen auf dem Sting Ray-Armaturenbrett für getrennte Verhältnisse. Die verspiel-ten Instrumente erregen mit ihren konisch nach innen verlaufenden Zifferblättern Aufmerksamkeit.**

Als die Verkaufszahlen jedoch zum Sturzflug ansetzten, wurde bei GM ein Nachfolgemodell auf die indifferen-ten Diagonalreifen gestellt. Ganz anders als der softe Vorgänger erlebten die amerikanischen Highways nun einen US-Sportwagen, der mit seiner spitzen Schnauze aggressiv sein Vorrecht auf der Überholspur deutlich machte. Unter den gemütlichen Straßenkreuzern in den Wolkenkratzer-Schluchten New Yorks wirkte der Sting Ray alles andere als amerikanisch, galt aber trotzdem als schick.

Einen Sportwagen wie die Briten im fernen Europa woll-te Mitchell seiner Kundschaft präsentieren, und er hatte dabei ein ganz bestimmtes Vorbild im Kopf: Der Jaguar

▶ Mit seiner aggressiven und kantigen Form mischte sich der Sting Ray 1963 unter das Feld biederer US-Straßenkreuzer – und wurde zum Verkaufsschlager.

▶ Die Kunststoffkarosserie trägt zahllose optische Details zur Schau, die selten wirkliche Bedeutung tragen.

▶ Unter der Motorhaube blubbert ein 5,4 Liter großer V8, auf der Armaturentafel dominieren Chrom und Schnörkel.

E-Type hatte es dem Amerikaner derart angetan, dass er die Raubkatze sogar zu einem seiner Lieblingsfahrzeuge erkor.

Doch bei der Realisierung des eigenen Projekts gingen die Amerikaner völlig andere, für sie gewohnte Wege. Um das Gewicht des Sportwagens in Grenzen zu halten, blieben die GM-Ingenieure der schon bei der ersten Corvette-Reihe eingeführten, seinerzeit sehr modernen Kunststoffkarosserie treu. Und anstelle filigraner und aufwendiger Motorentechnik erhielt auch der Sting Ray die Grundausstattung eines ordentlichen, amerikanischen Fahrzeugs: viele Zylinder, noch viel mehr Hubraum-Inhalt und einen einzigen, aber opulenten Vergaser. Der V8-Motor der ersten, inzwischen 30 Jahre alt gewordenen Corvette Sting Ray besitzt das US-Gardemaß von 327 cubic inches, eine Zahl, die uns Europäern in Form von 5359 cm³ verständlicher wird.

250 SAE-PS lieferte der simple, mit einer zentralen Nockenwelle ausgerüstete Motor in seiner Basisversion an die angetriebene Hinterachse, auf Wunsch durften es auch 300 PS sein. Für besonders leistungshungrige Corvette-Piloten bot Chevrolet zudem auch Leistungsvarianten mit 340 und 360 PS an, wobei sich letztere den Luxus einer Einspritzanlage genehmigten.

Neben der völlig umgekrempelten Optik der neuen Corvette erlebte auch das Fahrwerk eine Renovierung. Zora Arkus Duntov war es, der sich der inneren Wertsteigerung annahm. Fortan stemmte sich die Corvette mittels einzeln aufgehängter Räder auf den Boden der Tatsachen. Einzig die modernen Schraubenfedern ließen sich aus Platzgründen nicht an den Hinterradaufhängungen des Sting Ray unterbringen, sodass sich eine konventionelle Querblattfeder von Rad zu Rad erstreckte – eine Maßnahme, mit der Duntov nicht überall Zustimmung erntete. GM-Chefingenieur Harry Barr entrüstete sich: »Eine Querblattfeder, mein Gott, die stammt ja aus der Zeit des T-Modells.«

Tatsächlich klaffen Anspruch und Wirklichkeit beim Sting Ray etwas auseinander. Obwohl die Tester von *auto motor und sport* dem amerikanischen Sportwagen 1963 attestierten, er biete auch bei schneller Fahrt auf nicht besonders guten Straßen ein sehr gutes Sicherheitsgefühl, bleiben Sting Ray-Fahrer heute bei hohen

▶ Der Sting Ray mit seiner Kunststoff-Karosserie auf stabilem Kastenrahmen ist eines der Kultautos der sechziger Jahre. Die schönen Formen und die geteilte Heckscheibe bescherten ihm frühzeitig Klassikerstatus.

▶ **Ein Schuss Corvair: In manchen Details erinnert der Sting Ray an den zeitgleich angebotenen Mittelmotor-Wagen.**

Geschwindigkeiten vorsichtig. Denn die Aerodynamik des Coupés ist, weiß Corvette-Spezialist Rolf Gersch aus Mainz, so schlecht, dass sich bei hohen Tempi die Bodenhaftung deutlich verringert und sich der Sting Ray weit aus den Federn hebt.

Diese für deutsche Straßenverhältnisse disqualifizierende Eigenschaft bleibt jedoch nebensächlich, wenn Fahrer und Wagen dem Boulevard-Cruising frönen – idealerweise dort verwirklicht, wo Deutschland am amerikanischsten ist; vor den Wolkenkratzern Mainhattans, in Frankfurt am Main...

Corvette-Spezialist Gersch restaurierte auch die auf diesen Seiten präsentierte Geburtstags-Corvette Sting Ray des Baujahres 1963. Das silberblaue (silver blue) Split window-Coupé entstammt nicht nur der ersten Sting

Ray-Serie, sondern entpuppt sich beim genauen Hinsehen als besonders seltene Rarität. Selbst der Besitzer, Peter Rathke aus Freiburg, wurde erst auf dieses Special aufmerksam, als er den Wagen 1985 bereits von Amerika nach Deutschland geholt hatte: Ein kleines Schild am rechten Heckfenster entlarvt die Corvette als eines der wenigen Modelle mit Klima-Anlage.

Dieses kühlende Zubehör wurde 1963 überhaupt zum ersten Mal in der Corvette angeboten und lediglich in 274 Fahrzeugen eingebaut. Die Kunden mussten 1963 für wohltemperiertes Innenraum-Klima zum Sting Ray-Neupreis von 4252 Dollar zusätzlich 421 Dollar für die Air Conditioning beim General Motors-Händler auf den Tresen legen. Insider erkennen die 63er Corvette indes nicht nur an dem auffälligen, geteilten Heckfenster, das schon 1964 zugunsten einer durchgehenden und somit besseren Rückblick gewährenden Scheibe abgeändert wurde. Der große, mittig auf dem Heckteil angeordnete Tankdeckel-Verschluss besitzt in diesem Baujahr ein größeres Signet und einen schmaleren Chromrand als in den Folgejahren, und die beiden Lüftungsgitter-Attrappen auf der Motorhabe werden ebenfalls nach einem Jahr von der Ausstattungsliste gestrichen.

Der uneingeschränkte Gestaltungstrieb der amerikanischen Designer zeigt sich nicht nur in vielen Detaillösungen an der Karosserie, sondern setzt sich auch im Innern des Zweisitzers fort. Die Passagiere blicken auf eine symmetrische Armaturentafel, die sich auf jeder Seite halbkreisförmig gen Windschutzscheibe erstreckt. Vor den Augen des Beifahrers glänzt ein großes Handschuhfach, das lediglich bei der 63er Version komplett aus Plexiglas besteht und einen in den Kunststoff eingebetteten Corvette-Schriftzug trägt. Schon im folgenden Jahr erhielt der Sting Ray ein metallenes Fach mit aufgesetztem Schriftzug.

Die Fahrerseite gibt sich mit ihrem Rundinstrumenten weitaus abwechslungsreicher, und selbst bei den einzelnen Instrumenten kennt die Gestaltungs-Spielerei keine Grenzen: Das Zentrum der Instrumentenscheiben wölbt sich konisch nach innen, jeder einzelne Zeiger passt sich dieser Form an und wächst förmlich aus dem Nichts dem Fahrer entgegen.

An den Türen finden sich kleine, verchromte Fenster-kurbeln. Sie dienen keineswegs dazu, die Seitenscheiben zu öffnen, denn diese funktionieren, wie es sich für ein amerikanisches Auto gehört, per Knopfdruck und Elektromotor. Aufkurbeln lassen sich jedoch die vorderen Ausstellfenster in den Türen.

Weniger Fingerspitzengefühl bewiesen Bill Mitchell und seine Kollegen indes bei der Gestaltung der Radioantenne. Sie ragt derart deplatziert und auffällig aus dem linken hinteren Kotflügel empor, dass US-Fans geradezu die Stars and Stripes-Flagge daran aufhängen könnten. Denn völlig versenken lässt sich die Antenne nicht, und nach der bis 1967 üblichen elektrischen Betätigung reduzierte GM das verchromte Röhrchen sogar auf einen feststehenden, aber immerhin mit einem Handgriff demontierbaren Mast.

Dies ist aber nicht der einzige Lapsus bei der Corvette Sting Ray. Bill Mitchell hätte angesichts seines geliebten geteilten Heckfensters getrost auf den Innenspiegel verzichten können. Denn der nützt beim Split window wirklich überhaupt nichts.

Text: Ulrich Bethscheider-Kieser
Fotos: H. D. Seufert

Daten & Fakten Chevrolet Corvette Sting Ray

▶ **Motor**

Achtzylinder-V-Motor (90 Grad), längs hinter der Vorderachse eingebaut, Bohrung x Hub 101,6 x 82,6 mm, Hubraum 5359 cm³, Verdichtung 10,5:1, Leistung 250 oder 300 PS bei 4400/min (wahlweise auch 340 oder 360 PS); Grauguss-Zylinderblock, eine zentrale Nockenwelle, Antrieb über Kette, hängende Ventile mit hydraulischen Ventilstößeln, über Stoßstangen und Kipphebel betätigt; Gemischaufbereitung über einen Carter-Vierfach-Fallstromvergaser AFB.

▶ **Kraftübertragung**

Hinterradantrieb, vollsynchronisiertes Vierganggetriebe, Übersetzungen: I. 2,56, II. 1,91, III. 1,48, IV. 1,0, R. 2,64, Achse 3,36.

▶ **Karosserie/Fahrwerk**

Kunststoffkarosserie auf Kastenrahmen, vorn Einzelradaufhängung an Trapez-Dreiecksquerlenkern und Schraubenfedern, hinten Einzelradaufhängung an Längs- und Querlenkern, Querblattfeder; Trommelbremsen rundum; Kugelumlauflenkung; Bereifung 6,70-15.

▶ **Maße/Gewicht**

Radstand/Länge 2490/4453 mm, Breite/Höhe 1768/1265 mm, Leergewicht 1400 kg.

▶ **Fahrleistungen/Stückzahlen**

Höchstgeschwindigkeit 229 km/h; Beschleunigung 0-100 km/h 6,6 s. Stückzahl: 10594 Split window-Coupés, davon 274 mit Klimaanlage.

▶ Länge läuft: Der zweitürige
Toronado misst genau 5,36 Meter.

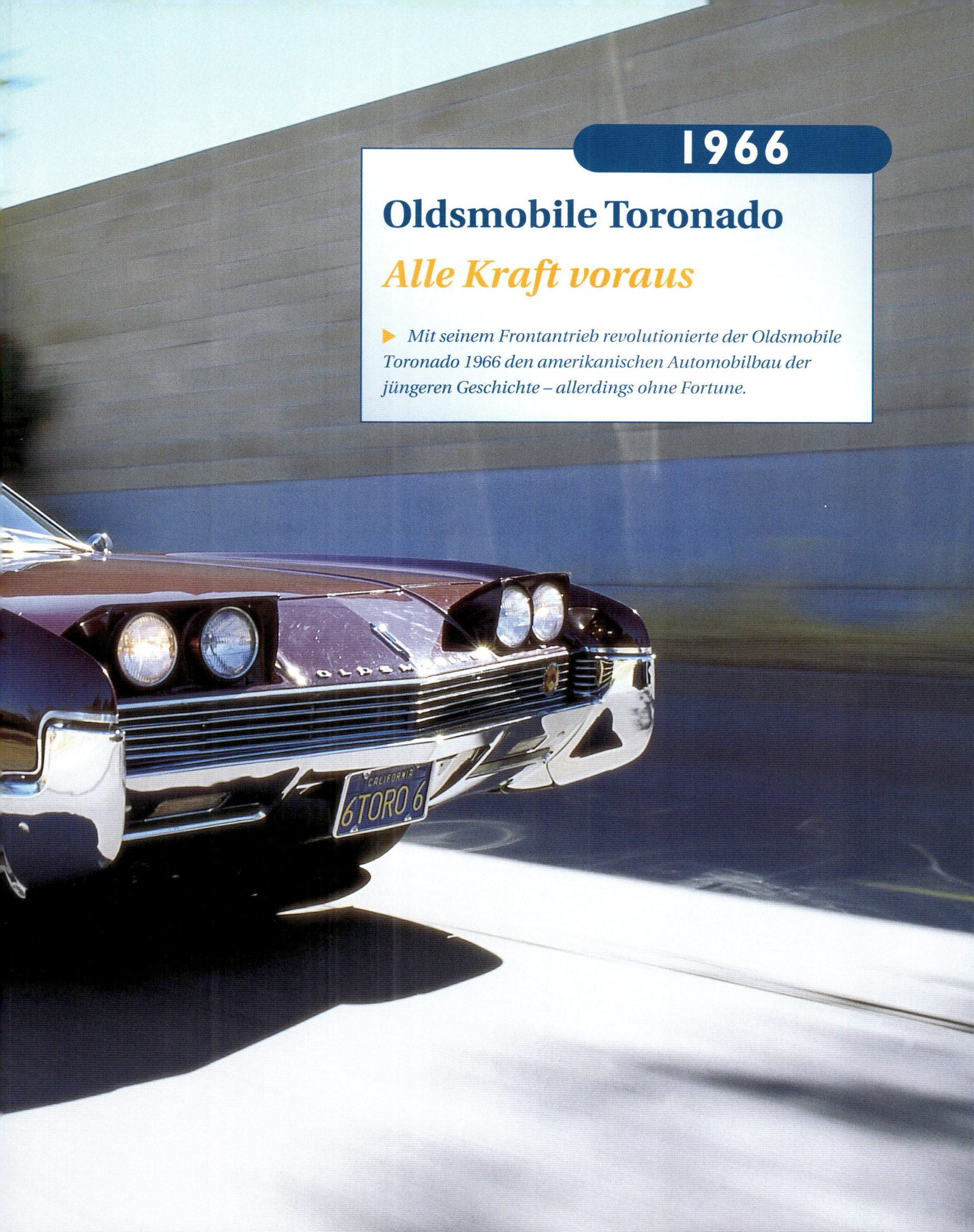

Oldsmobile Toronado

Alle Kraft voraus

▶ *Mit seinem Frontantrieb revolutionierte der Oldsmobile Toronado 1966 den amerikanischen Automobilbau der jüngeren Geschichte – allerdings ohne Fortune.*

Das pure Übermaß an Kraft kann bisweilen negative Folgen haben – indem es beispielsweise dazu führt, dass vehement über das Ziel hinausgeschossen wird. Der Oldsmobile Toronado ist einer, dem vor über 30 Jahren ein solches Schicksal widerfuhr.

An Leistung mangelte es dem 1966 vorgestellten amerikanischen Coupé durchaus nicht. Stolze 390 SAE-PS erheben den Zweitürer allein vom Papier her in den erlauchten Kreis außerordentlich potenter Sportwagen, und auch die Hubraumgröße von sieben Litern verdeutlicht – zumindest nach europäischen Maßstäben – einen ausgeprägten Hang zum Extremismus.

Derart ausgerüstet zog es den Toronado mit aller Kraft voraus. Doch genau das war sein Problem. Als erstes US-Serienauto mit Frontantrieb seit den legendären Cord aus den dreißiger Jahren eilte er seiner Zeit voraus. Warum, so fragte sich das automobile Amerika, sollte man nun, Mitte der sechziger Jahre, den guten alten Heckantrieb über Bord werfen?

Dabei stand das Amerika des Jahres 1966 ganz im Zei-

▶ Meist bleiben die Scheinwerfer eingeklappt. Der Olds sieht damit einfach besser aus.

chen des Fortschritts. Hoch oben am Himmel lieferten sich die Amis mit den Sowjets einen packenden Zweikampf um die Pole Position im Weltraum. Als am 2. Juni 1966 die US-Mondsonde Surveyor 1 auf dem Mond lan-

Historie

▶ **1897**
Firmengründer Ransom Eli Olds beschäftigte sich im 19. Jahrhundert mit Dampfmaschinen, bevor er die Olds Motor Vehicle Company gründete.

▶ **1907**
Übernahme durch William Durant.

▶ **1908**
Zusammenschluss von Oldsmobile und Buick zu General Motors.

▶ **1966**
Vorstellung des Oldsmobile Toronado.

▶ **1967**
Modellpflege, Scheibenbremsen an den Vorderrädern, Motor mit mehr Hubraum, neuer Kühlergrill.

▶ **1968**
Facelift, Karosserielänge nun auf 545,5 Zentimeter.

▶ **1970**
Neuer Kühlergrill mit Doppelscheinwerfern.

dete, jubelte das Land von Los Angeles bis New York. Und beeindruckt wurde applaudiert, als der Astronaut Edwin Aldrin über fünfeinhalb Stunden außerhalb seines Raumschiffs im All verbrachte und damit einen Rekord aufstellte.

Aber einen Straßenkreuzer mit Frontantrieb, den wollten die Amerikaner nicht. Zwar konnten von dem Überraschungsmodell im ersten Jahr rund 41 000 Fahrzeuge verkauft werden, doch in den folgenden Jahren stürzte der Absatz auf etwa die Hälfte.

Am Auftritt des Coupés kann es nicht gelegen haben. Denn Oldsmobile-Designer David North gab dem Zweitürer eine bemerkenswerte Karosserie mit einem eleganten Fastback-Heck. Besonders auffällig sind dabei die weit ausgestellten Kotflügel, welche die mehr als

▶ **Knapp 400 PS machen den Olds zum Tier auf der Autobahn – solange sich nichts in den Weg stellt. Wer bei dem Siebenliter-V8 mit 18 Liter auf 100 Kilometer auskommt, hat sparsame Zurückhaltung bewiesen.**

üppige Antriebsleistung auch optisch zu untermauern scheinen.

Für J.B. Beltz, Chefingenieur von Oldsmobile, lagen die Vorteile des Frontantriebs klar auf der Hand. »Wenn die komplette Antriebseinheit vorne untergebracht ist, bleibt mehr Freiraum für die Innenraumgestaltung«, erläuterte er. Ein weiteres Argument des Technikers: Die Außenabmessungen könnten beim Frontantrieb geringer gehalten werden.

▶ Mit der Entscheidung für den dynamisch wirkenden Frontantrieb-Toronado bewiesen die eher konservativ eingestellten Manager von General Motors viel Mut.

▶ Lenkrad und Instrumententafel des Toronado sind chrombeladen. Eckige Instrumente, der Tacho arbeitet mit einer Walze.

▶ Schwungvolle Lettern für einen Hubraumriesen.

▶ Unverwechselbar: Fließheck und breite Kotflügel.

▶ **Die Kotflügel unterstreichen den bulligen Auftritt**

Zumindest dieser Vorteil kann angesichts einer Gesamtlänge von 5,36 Meter nur als unbeabsichtigter Scherz verstanden werden. Und auch dem Bekenntnis der Oldsmobile-Verantwortlichen, mit dem Toronado einen Gran Turismo geschaffen zu haben, mag man nur schwerlich Glauben schenken. Mit über zwei Tonnen Gewicht entspricht der Toronado nicht gerade den Idealmaßen eines GT.

Allein die schier unbändige Motorkraft rechtfertigt diesen Anspruch. Wird das Gaspedal in Richtung Bodenblech gedrückt, bäumt sich der Toronado regelrecht auf. Sein Heck sinkt tief in die hinteren Blattfedern, die Front reckt sich nach oben, als wolle sie nach Höherem greifen.

Die acht Musikanten unter der Motorhaube, die mit einem kräftigen Stimmvolumen von jeweils 870 Kubikzentimetern ausgestattet sind, singen dabei das Hohe Lied aus einer Zeit, als Achtzylinder noch in jeder Drehzahllage wie solche klingen durften. Spätestens vor der ersten Kurve hat die Freude jedoch ein Ende, denn dann gilt es, die Kraft von 390 PS mittels vier Trommelbremsen zu bändigen. Die Bremsen sind mit dieser Aufgabe heillos überfordert. Toronado-Fahrer bezeichnen den kräftigen Tritt auf das linke Pedal als Abenteuer – wer hat schon das Glück, das Abenteuer zu Hause in der Garage zu finden?

Auch schnelle Kurvenfahrt ist nicht unbedingt die Sache des Toronado, obwohl seine Lenkung erstaunlich direkt übersetzt ist. In zeitgenössischen Tests bejubelten die Fachjournalisten zwar die dank Frontantrieb besonders ausgeprägte Spurtreue des Olds, doch das Magazin *Car & Driver* gab den Tipp: »Wenn Sie in Kurven schnell fahren wollen, sollten Sie stets wissen, was Sie da gerade tun.« Der grundsätzlich mit Automatikgetriebe bestückte Toronado taugt also weitaus mehr zum Cruisen, zum gemütlichen Dahingleiten.

Die Großzügigkeit der Abmessungen bleibt auch im Innenraum nicht ohne Folgen. Schon das Ein- und Aussteigen eröffnet eine für europäische Muskeln neue Dimension. Die Türen des Coupés würden bei einem Kleinwagen problemlos für vier nebst Heckklappe genügen. Am Toronado erwecken sie eher den Eindruck eines einbruchsicheren Tresordeckels.

Tatsächlich verbirgt sich in diesen Stahlkolossen ein Sicherheitsdetail, das erst in der Gegenwart wieder Bedeutung erlangte: massive Stahlverbindungen für besseren Seitenaufprallschutz.

Wer im Toronado vorne sitzt, sitzt wirklich in der ersten Reihe. Hier lässt man sich auf einer Bank nieder, deren Ausmaße und Gestaltung gut und gerne zur Dekoration eines Wohnzimmers gereichen könnten. Fahrer und Beifahrer trennt eine Armlehne, deren Abmessungen besondere Variabilität vermuten lassen. Wird sie nach oben geklappt, schließt sie die Lücke in der Rückenlehne und gibt einen dritten Platz frei.

Auch auf der Rückbank bieten sich akzeptable Platzverhältnisse. Schade nur, daß es hier nicht ebenfalls eine elektrische Sitzverstellung gibt, sie könnte das Glück perfekt machen.

Dass die Bedenken der amerikanischen Autofahrer gegen den Frontantrieb nicht unbegründet waren, bestätigte sich den ersten Toronado-Kunden. Die vorderen Reifen lösten sich in Windeseile in nichts auf. Dem Wechselbad aus 390 PS und Lenkeinflüssen hilflos ausgeliefert, hielten sie oft nur 10 000 Kilometer. Die 1967 erfolgten Modifikationen an der Vorderachse schufen etwas Abhilfe.

Gleichwohl müssen sich Toronado-Fahrer damit abfinden, dass der Olds nicht nur Gummi frisst. Wer einen Verbrauch von unter 20 Litern pro 100 Kilometer schafft, kann sich als sparsamer Fahrer auszeichnen lassen. Wird der Toronado etwas vehementer vorangetrieben, sprudeln rund 30 Liter des wertvollen Kraftstoffs durch den monströsen Vergaser.

Das Oldsmobile-Management hielt indes trotz des bescheidenen Kundenzuspruchs eisern am Toronado fest. Beinahe jährlich vollzogene Modifikationen ließen das Coupé reifen. Damit überlebte der Name Toronado in Verbindung mit dem Frontantrieb sogar bis weit in die achtziger Jahre.

Text: Bernd Woytal
Fotos: Michel de Vries

Daten & Fakten Oldsmobile Toronado

▶ Motor

Achtzylinder-V-Motor, längs über der Vorderachse eingebaut, Hubraum 6965 cm³, Bohrung x Hub 104,78 mm x 100,97 mm, Verdichtung 10,5:1, Leistung 390 SAE-PS bei 4800/min, maximales Drehmoment 65,7 mkg bei 3200/min, zwei Ventile pro Zylinder, eine zentrale Nockenwelle, Ventilbetätigung über hydraulische Ventilstößel, fünffach gelagerte Kurbelwelle, ein Fallstrom-Vierfachvergaser Rochester, Ölinhalt 4,7 Liter.

▶ Kraftübertragung

Antrieb auf die Vorderräder, Dreigang-Automatikgetriebe (Turbo-Hydramatic).

▶ Fahrwerk

Kastenrahmen mit Traversen, hintere Karosseriepartie selbsttragend aufgebaut, vorn Trapez-Dreiecksquerlenker mit unterem, längs liegendem Torsionsfederstab, hinten Starrachse mit Einzelblattfeder, vorn zwei, hinten vier Teleskopstoßdämpfer, Trommelbremsen vorn und hinten, Feststellbremse über Pedal betätigt, Kugelumlauflenkung mit Servounterstützung, Reifen 8.85-15.

▶ Maße/Gewicht

Länge 5360 mm, Breite 1995 mm, Höhe 1340 mm, Radstand 3023 mm. Spur vorn/hinten 1613/1600 mm, Wendekreis 14,1 m, Gewicht zirka 2040 kg.

▶ Fahrleistungen/Verbrauch

Höchstgeschwindigkeit ca. 200 km/h, Beschleunigung 0-60 mph (96 km/h) 8,9 s, Verbrauch 18 bis 30 Liter/100 km, Neupreis (1966): 4812 US-Dollar.

Dodge Charger 426 Hemi »Lawman«

Hemi-Finale

▶ *Kaum ein anderer amerikanischer V8 genießt solch kultische Verehrung wie der Hemi-Motor von Chrysler. Für NASCAR-Rennen gedacht, wanderte er 1966 in den neuen Dodge Charger. Motor Klassik fuhr ein ganz besonderes Exemplar des Coupés.*

▶ Ruhe im Gerichtssaal, der Lawman spricht: Dodge 426 Hemi.

Brand Rosenbusch ist besorgt. »Und gib erst dann richtig Gas, wenn die Vorderräder wieder geradeaus stehen«, sagt er, bevor er die Tür schließt. Ich kann Brand verstehen, schließlich ist er für die Fahrzeuge aus dem Fuhrpark des Walter P. Chrysler Museums in Auburn Hills verantwortlich, und er hat mir gerade eines seiner wertvollsten und wildesten Exponate für einen Ritt auf der Einfahrbahn des Werksgeländes überlassen. Der Dodge, mit dem ich jetzt langsam vom Parkplatz auf die Strecke rolle, ist nicht nur einer von den 586 gebauten Charger mit Hemi-Motor aus dem Jahr 1966, es ist der echte, originale »Lawman«, ein Charger mit Geschichte. Einer langen Geschichte.

Sie beginnt 1964. Damals erinnerte man sich bei Chrysler an den Hemi-Motor der fünfziger Jahre. Sie bauten eine 6974 cm³ große Variante des betagten Hochleistungs-V8, um damit bei den sehr beliebten NASCAR-Rennen abzusahnen. Das klappte so gut, dass die NASCAR-Legende Richard Petty 1965 in einem Hemi-befeuerten Plymouth den ersten seiner insgesamt sieben Meistertitel holte und fürderhin nur noch Fahrzeuge mit Serienmotoren erlaubt waren.

Chrysler konnte also nur im Rennen bleiben, wenn man Straßenautos mit dem teuren und vergleichsweise aufwendigen Renntriebwerk ausrüstete. Das Resultat war der Dodge Hemi-Charger, nichts anderes als ein leicht modifizierter Dodge Coronet – kaum das richtige Instrument, um dem ein Jahr zuvor wie eine Bombe eingeschlagenen Ford Mustang etwas entgegenzusetzen.

Für das Modelljahr 1966 musste ein richtig sportliches Fastback-Modell her. Man schritt im Chrysler-Hauptquartier in Highland Park mit beeindruckender Geschwindigkeit und Konsequenz zur Tat: Bereits 1965 wurde eine Charger II genannte Designstudie auf verschiedenen Autoshows herumgezeigt.

Die Studie zeigte ein Coupé mit meilenweitem Radstand, unamerikanisch klaren Linien und ein paar verspielten Details wie dem durchgehenden Leuchtenband am Heck und dem ebenso durchgehenden Kühlergrill im Elektrorasierer-Stil ohne sichtbare Scheinwerfer. Die Resonanz von Publikum und Presse war ermutigend. »Schraubt Stoßstangen dran und lasst die Kiste vom Band laufen«, lautete der Tenor der Fachkritiker.

Ein paar Kleinigkeiten mussten dann zum Serienanlauf doch geändert werden. Schließlich sollte der Unterbau des Coronet drunterpassen, aber die Linienführung und die charakteristischen Front- und Heckpartien blieben dem Serienmodell erhalten.

»Setz einen davon in deine Einfahrt und sieh zu, wie deine Nachbarn grün werden«, riet ein Dodge-Prospekt

Historie

▶ **1965**
Vorstellung der Design-Studie Charger II auf verschiedenen Autoshows.

▶ **1966**
Der Dodge Charger wird in der Halbzeitpause eines Football-Spiels in der Rose Bowl von Pasadena präsentiert.

▶ **1968**
Der Facegeliftete Nachfolger wird in verschiedene Versionen vorgestellt.

▶ **1969**
Der Charger Daytona mit Hemi-Motor, Heckflügel und verkleideter Front erscheint.

▶ **1972**
Erneutes Facelifting, der Hemi-Motor ist nicht mehr im Angebot.

▶ **1975**
Mit dem Modellwechsel mutiert der Charger endgültig zum Luxuscoupé.

▶ **1978**
Der Name Charger verschwindet aus dem Modellprogramm.

▶ Die Scheinwerfer verbergen sich hinter einem die ganze Fahrzeugbreite einnehmenden Kühlergrill. Auch die Blinker sind darin integriert.

kurz nach der Präsentation des neuen Coupés. Brand ist nicht grün vor Neid, aber ein wenig gelb vor Sorge ist er schon. Dabei hat er eine Runde auf dem Beifahrersitz neben mir absolviert, bevor er mir den grünweißen Charger für eine Solofahrt überlässt. Denn, wie gesagt, der Lawman ist nicht irgendein Hemi-Charger. Es ist wahrscheinlich das einzige Exemplar seiner Modellrei-

▶ Mit dynamischem Schriftzug wird verschleiert, dass der Charger im Grunde genommen nicht mehr ist als ein Coronet Hardtop mit Fließheck und verdeckten Scheinwerfern.

▶ Vier sportliche Rundinstrumente inklusive Drehzahlmesser: Die Kommando-Zentrale im Charger.

▶ Die beiden getrennten Einzelsitze und umklappbaren
Einzelsitze hatte der Charger nur im ersten Jahr. Bereits
im Modelljahr 1967 war daraus eine durchgehende Sitzbank geworden.

▶ Zum Hemi-Paket gehörte nicht nur der 426er-Motor, sondern auch strafferes Fahrwerk, bessere Reifen und vergrößerte Trommelbremsen. Vordere Scheibenbremsen standen auf der Aufpreisliste.

▶ Für die Rennstrecke gebaut: Ein Hemi-Charger gewann die »NASCAR Grand National Championship«.

▶ **Der Hemi-V8 war erstmals 1951 unter der Haube des Chrysler Saratoga zu bewundern, wurde 1959 in den einstweiligen Ruhestand versetzt und feierte dann 1965 seine glorreiche Wiederauferstehung.**

he, das nie verkauft wurde, nie ein offizielles Nummernschild trug und sich immer noch im unrestaurierten Originalzustand befindet.

Das ursprünglich weiße Auto war der erste Test-Charger. Er verließ am 1. April 1966 die Fertigungsstraße in der Lynch Road und wurde von diversen Motorjournalisten getestet. Danach vertraute der damals für den Verkauf zuständige Vizepräsident Byron Nichols das Auto dem Drag-Racer Elton »Al« Eckstrand an. Dieser stand damals als Rechtsanwalt in Chrysler-Diensten, weshalb er seine Rennautos mit goldenen »Lawman«-Schriftzügen garnierte.

Eckstrand hatte seine aktive Karriere 1965 beendet und sich angesichts der steigenden Unfallzahlen – in dem Jahr wurden in den USA über 50 000 Menschen bei Verkehrsunfällen getötet – der Verkehrssicherheit verschrieben.

Ein großer Teil dieser Verkehrstoten waren junge Soldaten, die aus Europa und Südostasien zurückkehrten und sich von ihrem Sold Musclecars kauften, um bei illegalen Drag-Rennen zu verunglücken. Eckstrand und der Dodge flogen nach Europa, wo sie den GI im Auslandseinsatz sicheres Autofahren beibrachten – und nebenbei an einigen Dragracing-Veranstaltungen teilnahmen.

Das Verkehrssicherheitsprogramm wurde in den folgenden acht Jahren fortgesetzt, auch mit anderen Fahrzeugen von Chrysler und Ford, unterstützt vom US Marine Corps. Die beiden reisten bis nach Vietnam, wo sie das Programm des Southeast Asia War Theater mit Dragracing-Demonstrationen bereicherten. Der Schriftzug

»American Commando Drag Team« auf den hinteren Kotflügeln zeugt noch von dem patriotischen Einsatz. 1999 brachte Eckstrand den Lawman zurück nach Detroit und übergab ihn an das Walter P. Chrysler Museum in Auburn Hills. Dort führt er ein beschauliches Dasein. Es sei denn, er darf mal wieder auf die Piste.

Der Lawman scheint zu merken, dass die gestrengen Augen seiner Betreuer ihn verfolgen. Mit lautem Brabbeln, aber wenig Speed rollt er auf die Bahn. Die ersten Kurven sind eng, nicht sein Lieblingsterritorium. Aber dann kommt die erste Steilkurve. Ein leichter Tritt auf das Gaspedal, der Hemi hämmert los, die Hinterräder quietschen einmal kurz, und der Dodge schießt durch die langgezogene Kurve auf die Gerade, an deren Ende die nächste Steilkurve wartet.

»Speed Limit 75 Miles« warnt ein großes Schild, aber wir beschließen, dass man das nicht ganz so eng zu sehen braucht. Die Tachonadel pendelt in Richtung 100, der Drehzahlmesser zittert auf die Vierer-Marke zu. Kurz vor der zweiten Steilkurve kann man uns wieder sehen, wir nehmen etwas Gas weg und rollen mit 60 Meilen oben dicht an der Leitplanke durch die Kurve. Noch einmal ein kurzer Tritt aufs Gas, dann sind wir wieder in dem engen Geschlängel, die zweite, etwas gemächlichere Runde beginnt.

Zeit, sich ein wenig umzuschauen. Gerade die extravagante Innenausstattung war es, die 1966 für Aufsehen sorgte: vier Einzelsitze in weißem Leder, eine durchgehende Mittelkonsole, in deren Mitte der massive Wählhebel der Torqueflite-Automatik sitzt, ein geradliniges Armaturenbrett mit vier großen Rundinstrumenten und eine flache, riesige Heckscheibe, aus der sich die Verglasung von mindestens vier Käfern ausschneiden ließe.

Der Hemi-Motor brummelt während solcher Betrachtungen gelangweilt vor sich hin. »Keine schwarzen Striche auf der Teststrecke«, hatte Brand gewarnt, »das ist verboten«. Keine Sorge, wir bummeln lieber noch ein paar Runden, lassen die Automatik schon bei der Drei schalten, versuchen die Trommelbremsen zu schonen und uns vorzustellen, wir wären entlang der Woodward Avenue unterwegs nach Detroit, auf der Suche nach dem nächsten Duell.

Ich frage ihn, ob er nicht gern mit mir zurück nach Europa käme, für ein paar Demo-Runden auf der Nordschleife bei der Eifel Klassik zum Beispiel. Nein, die 70 Kurven sind ihm unheimlich. Lieber auf die Woodward Avenue, die hat keine einzige, obwohl sie viel länger ist als die Nordschleife. Und Brand muss sich auch nicht so viele Sorgen machen. Schade eigentlich.

Text: Heinrich Lingner
Fotos: Reinhard Schmid

Daten & Fakten Dodge Charger 426 Hemi »Lawmann«

▶ **Motor**
Achtzylinder-V-Motor, zentrale Nokkenwelle, zwei Ventile pro Zyl., 6973 cm³, Bohrung x Hub 107,95 x 95,25 mm, 425 PS bei 5 000/min, max. Drehmoment 665 Nm bei 4 000 /min, Verdichtung 10,25:1, Carter-Vierfachvergaser.

▶ **Kraftübertragung**
Hinterradantrieb, Torqueflite-Dreigang-automatik, auch Wunsch mech. Vierganggetriebe.

▶ **Karosserie/Fahrwerk**
Selbsttragende Stahlblechkarosserie, vorn Einzelradaufhängung an Querlenker, Drehstabfedern und Teleskopdämpfer, hinten Starrachse an Blattfedern und Teleskopdämpfern, Trommelbremsen.

▶ **Maße/Gewicht**
Radstand/Länge 2972/5170 mm, Breite/Höhe 1910/1350 mm, Leergewicht 1050 kg.

▶ **Bauzeit/ Stückzahl**
1966-67, insgesamt 53 132 Exemplare, 586 mit Hemi-Motor.

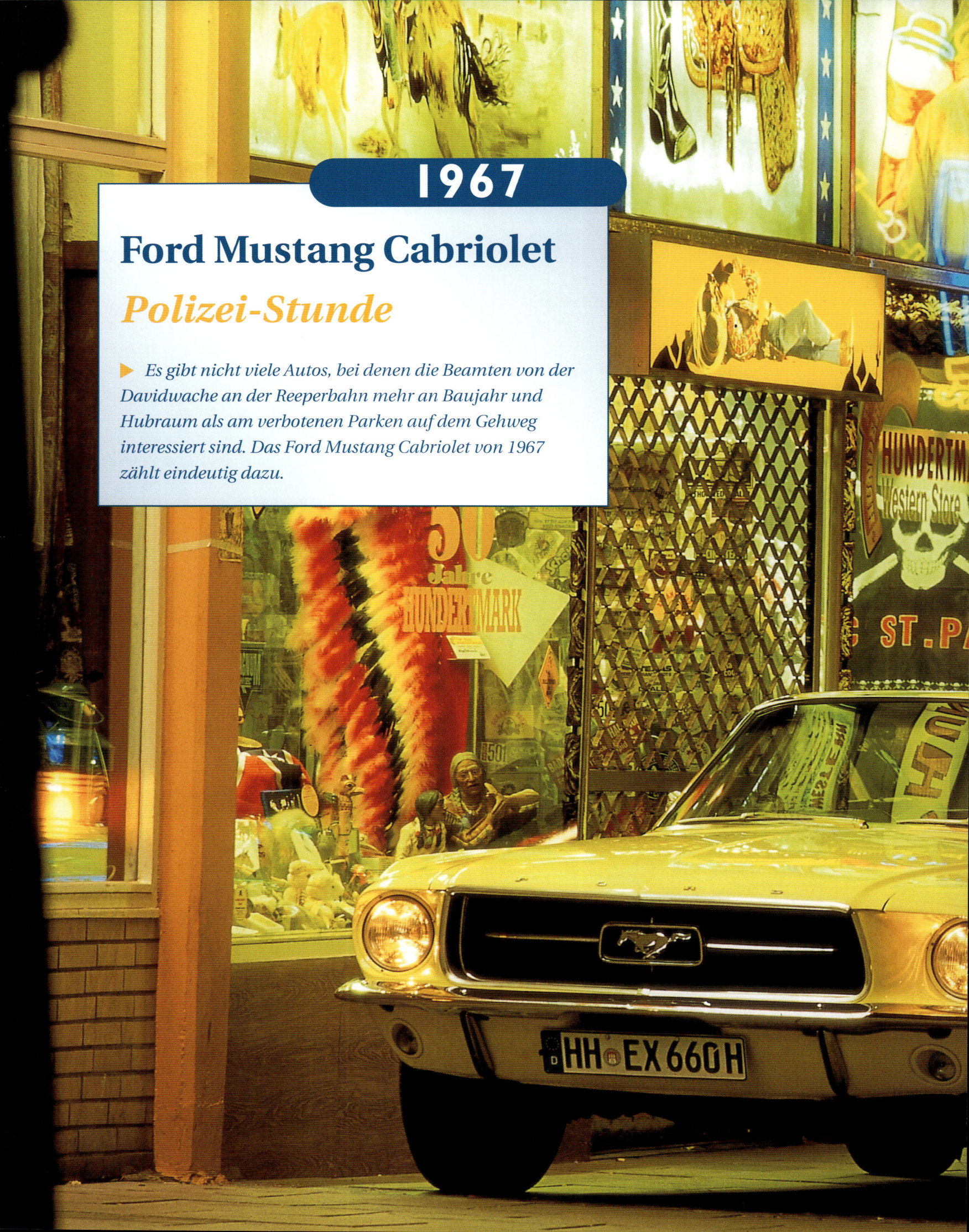

1967

Ford Mustang Cabriolet

Polizei-Stunde

▶ *Es gibt nicht viele Autos, bei denen die Beamten von der Davidwache an der Reeperbahn mehr an Baujahr und Hubraum als am verbotenen Parken auf dem Gehweg interessiert sind. Das Ford Mustang Cabriolet von 1967 zählt eindeutig dazu.*

▶ Der Original-Farbton Spingtime Yellow erweist sich auch in St. Pauli als gute Wahl.

Es gibt Bilder, die man nie vergisst – den Blick durchs Seitenfenster auf den Tacho des ersten Mustang zum Beispiel. Es war ein goldmetallicfarbenes Hardtop Coupé mit braunem Vinyldach, und es gehörte zu einem Karussellbetrieb, der gerade auf dem Jahrmarkt gastierte. Die Zahl 120 am Ende der Skala enttäuschte den Sechsjährigen. Der ältere Bruder sorgte für Aufklärung: Es war ein Meilentacho.

Dieselbe Zahl steht auch auf dem Tachometer des gelben Cabrios bei der zweiten intensiven Begegnung rund dreißig Jahre später. Zum ersten Mal Platz nehmen in diesem Kindheitstraum. Die Sitzposition befremdet, aufrecht durch die unverstellbare Lehne, das dünne Lenkrad steht ungewohnt tief. Eine verstellbare Lenksäule gab es schon damals gegen Aufpreis im Mustang, leider fehlt sie in diesem '67er Cabriolet. Der Erstbesitzer investierte lieber in andere Extras: den 4,7-Liter-V8 samt Dreigangautomatik, die Klimaanlage und das elektrische Verdeck mit geteilter Glas-Heckscheibe. Er orderte seinen Mustang im nördlichen Kalifornien. Gebaut wurde das Cabrio dann auch im Ford-Werk von San José, südlich von San Francisco, lackiert in Springtime Yellow, versehen mit schwarzer Innenausstattung, und zwar genau am 27. September 1967. All das verrät ein kleines Schild an der Fahrertür, sofern man die Broschüre »67 Ford Mustang Illustrated Facts Book« zur

► Gesamtkunstwerk: Rückspiegel und Ausstellfenster vereinen Stilsicherheit und Ästhetik.

Historie

► **1962**

Der erste Prototyp mit dem Namen Mustang wird vorgestellt. Das Show-Fahrzeug ist ein reiner Zweisitzer mit V4-Mittelmotor.

► **1964**

Im April erscheint die Serienausführung des Mustang, zunächst nur als Cabrio und Hardtop Coupé.

► **1965**

Neu im Modelljahr '65 ist der Fastback. Die Motorenpalette wird erweitert. Zusätzlich gibt es den Fastback und das Cabrio in der Shelby-Ausführung.

► **1967**

Erstes Facelift, der Mustang wird breiter und länger, bei allerdings gleich bleibendem Radstand.

► **1969**

Überarbeitetes Modell mit größeren Abmessungen und erweiterter Motorenpalette.

► **1973**

Produktion des Mustang I wird eingestellt.

Hand hat, um die Codes zu entschlüsseln. Das Schild gibt auch Auskunft darüber, welche Getriebe- und Hinterachs-Option der Kunde wählte.

Zum Motor, dem zweifellos interessantesten Bauteil des Mustang, verrät es nichts. Hier hilft der profane deutsche Kfz-Schein: 4738 Kubikzentimeter und 115 Kilowatt stehen unter der frühlingsgelben Haube bereit. Das sind gerade mal 156 PS, nicht viel für reichlich 1,4 Tonnen Leergewicht, so scheint es. Schon die erste Schlüsselumdrehung belehrt den Mustang-Novizen eines Besseren. Der Sound aus dem, im Übrigen ebenfalls aufpreispflichtigen, Zweirohr-Auspuff klingt nach mindestens 300 SAE-PS. Im Leerlauf grummelt der V8 noch verhalten vor sich hin. Ein leichter Tritt mit dem rechten Fuß auf den Lautstärkeregler, und man fühlt sich in einen Hollywood-Streifen versetzt. Genau so klangen Autos auf Film-Verfolgungsjagden, ganz gleich, ob Gene Hackman, Steve McQueen oder Burt Reynolds hinter dem dünnen Bakelit-Volant saßen.

Wählhebel auf »D«, ein deutlicher Ruck geht durch das

▶ **Die unamerikanische Schlichtheit des Mustang kam in Europa nicht so gut an.**

Auto. Man muss den Fuß schon kräftig auf die Bremse drücken, damit der Ford stehen bleibt. Fast im Leerlauf beschleunigt er auf Zone-30-Tempo, mit einem Hauch Gas rollt er im Stadtverkehr mit. Denn selbst mit dieser luxuriösen Ausstattung bleibt der Mustang ein Sportwagen.

»Mit dem Mustang«, vermeldete der damalige Vizepräsident der Ford Motor Company Lee Iacocca in einem Pressetext zur Markteinführung am 17. April 1964, »hat Ford drei Autos in einem geschaffen. Der Käufer kann seinen Mustang als sparsames Basismodell, Sportwagen oder Luxusauto bekommen.« Das war keine Übertreibung. Man konnte schon im ersten Mustang-Jahr zwischen drei Karosserie-Varianten und vier Motoren wählen. Die Triebwerke waren mit Dreigangautomatik und Drei- oder Viergang-Schaltgetriebe kombinierbar.

▶ Cruising ist die bevorzugte
Gangart des Mustang, auch wenn's
nicht der Ocean Drive ist.

▶ **Der 4,7-Liter-V8 leistet auf dem Papier gerade mal 156 PS, gefühlsmäßig sind es weit mehr.**

Verschiedene Endübersetzungen mit und ohne Sperrdifferenzial rundeten das Antriebsmenü ab. So konnte sich jeder seinen Wunsch-Mustang aus der Aufpreisliste zusammenbauen lassen. Der Erfolg des neuen Sportwagens war überwältigend: In nur zweieinhalb Jahren Bauzeit liefen über eine Million Mustang von den Montagebändern.

Für 1967 stand die erste Überarbeitung an. Die Karosserie wuchs etwas in die Länge und Breite, allerdings bei gleich bleibendem Radstand. Die Zahl der Motor-Varianten erhöhte sich auf neun, die Palette reichte vom 3,3-Liter-Sechszylinder bis zum 7,2-Liter-V8. Auf den ersten Blick sind die erste und zweite Serie des Mustang I trotz des Wachstums kaum zu unterscheiden. Leider gilt das für die Modelljahre '69 bis '73 nicht mehr. Das unter dem neuen Ford-Präsidenten Simon E. Knudsen angesagte Größenwachstum verwandelte das ehemals schlichte Pony-Car in ein verquollenes Monster.

Dem unbekannten Erstbesitzer kann man zu seiner Wahl nur gratulieren. Er komponierte aus dem uferlosen Angebot an Optionen ein harmonisches Auto. Nur eine Kleinigkeit hätte er besser machen können: Die ebenfalls angebotene direktere Übersetzung des Lenkgetriebes wäre auch diesem Cabrio gut bekommen. So rudert der Mustang-Anfänger auf den ersten Metern etwas ziellos mit der gefühllosen, extrem leichtgängigen Servolenkung. Irgendwann hat man es kapiert, der Ford läuft sowieso geradeaus, Korrekturen sind überflüssig.

▶ Kaum zu glauben, dass unter der schönen Mustang-Hülle profane Großserien-Technik steckt. Seine technische Basis bildete der Falcon, ein uninspirierter, todlangweiliger Schrumpf-Straßenkreuzer, mit dem Ford 1960 die Ära der Kompaktwagen einläutete.

Besser als befürchtet erweist sich die Bremsanlage. Die reagiert zwar nur auf wirklich heftige Tritte, verzögert dann aber ordentlich. Die Scheibenbremsen gab es nämlich aus Platzgründen nur ohne Servo.

Der blubbernde V8 und die auffällige Farbe sorgen bei Ampelstopps für viele Seitenblicke. Meistens sind die Blicke freundlich. »Schönes Auto«, scheinen sie zu sagen, und so mancher zufällige Ampelnachbar spricht es auch aus. Ein Harley-Fahrer fragt nach der Anzahl der Cubic Inches. Es sind 289, erfährt er. Dagegen sehen die 88 Kubikzoll seiner E-Glide blass aus. So nebenbei wird ein vorwitziger Golf IV beim Ampelduell gedemütigt, dann ist die Reeperbahn erreicht.

Boulevard-Cruising ist die angemessene Gangart. Kühle Nordseeluft fächelt ins Cockpit, warme Heizungsluft strömt in den Fußraum. Nur die Musik könnte besser sein. Statt Jefferson Airplane oder Doors gibt's aktuelle Hits von Radio FFN. Also lassen wir lieber den V8 spielen.

▶ **Das Mustang-Design war so gelungen, dass es in den ersten Jahren kaum geändert werden musste.**

▶ **Nightlife im Mustang: Zum per-
fekten Sechziger-Jahre-Feeling
fehlt nur noch der Soundtrack.**

▶ Einen Drehzahlmesser gab's nur gegen Aufpreis, serienmäßig zeigt das rechte Rundinstrument Ladestrom und Öldruck an.

▶ Die Dreigangautomatik und das UKW-Radio mit Ford-Schriftzug waren ebenfalls aufpreispflichtig.

An die vielen Blicke gewöhnt man sich, und irgendwann fragt man sich auch nicht mehr, was sie denken mögen. Ein Lude mit Autogeschmack auf dem Weg zum Arbeitsplatz? Dazu passt das Reifenquietschen beim verbotenen U-Turn am Ende der Reeperbahn. Denn schon bei leichtem Gaseinsatz überfordert das Drehmoment die Seitenführungskräfte der 185er-Pneus. Im leichten Drift umkurvt der Mustang die Verkehrsinsel. Dabei ist ein sensibler Gasfuß vonnöten, die Lenkung taugt nur bedingt zur Bestimmung des Driftwinkels.

Sportliches Autofahren im europäischen Sinn ist ohnehin nicht Sache des Mustang. Die *auto motor und sport*-Tester probierten es 1964 aus und kamen zu einem vernichtenden Urteil: »Kurven schnell zu fahren, war selbst auf guten Straßen nicht möglich, weil der Wagen zu stampfen und zu stoßen begann wie ein Schiff auf hoher See.« Eine wirkliche Chance hätte der Mustang – oder T 5, wie er in Deutschland wegen namensrechtlicher Probleme heißen musste – auch ohne diesen Test nicht gehabt. Er war mit V8-Motor nur unwesentlich billiger als ein Porsche 911 oder Mercedes SL, und er sah in seiner Urform viel zu unamerikanisch aus.

Praktisch alle jetzt angebotenen Mustang der ersten Serie kamen in den letzten Jahren nach Europa. Sie sind trotz des hohen Dollarkurses immer noch billiger als die europäische Konkurrenz von damals. Vielleicht ist ja irgendwann ein günstiges Hardtop Coupé in Goldmetallic dabei, mit V8 und Automatik und mit einer 120 auf dem Tacho.

Text: Heinrich Lingner
Fotos: Reinhard Schmid

▶ **Das Pferd am Kühlergrill wurde hier zu Lande zum Symbol amerikanischer Automobil-Kultur.**

Daten & Fakten Ford Mustang Cabriolet

▶ **Motor**

Wassergekühlter Achtzylinder-V-Motor, zwei hängende Ventile pro Zylinder, betätigt durch eine zentrale Nockenwelle, Stößelstangen und Kipphebel, ein Doppelvergaser, Bohrung x Hub 101,6 x 72,9 mm, Hubraum 4738 cm³, Verdichtung 9:1, Leistung 156 PS bei 4000/min.

▶ **Kraftübertragung**

Dreigang-Automatikgetriebe, Hinterradantrieb, wahlweise Drei- oder Viergang-Schaltgetriebe.

▶ **Karosserie/Fahrwerk**

Plattformrahmen, mittragende Karosserie, vorn Einzelradaufhängung an Querlenkern, Schraubenfedern, Teleskopdämpfern und Stabilisator, hinten Starrachse an Blattfedern; vorn Scheibenbremse, hinten Trommelbremse, Reifen 185/70 H-14.

▶ **Maße/Gewicht**

Radstand/Länge 2743/ 4665 mm, Breite/Höhe 1800/1298 mm, Leergewicht 1440 kg

▶ **Fahrleistungen/Verbrauch**

0-100 km/h in 10 s, Höchstgeschwindigkeit 190 km/h, Verbrauch ca. 16 Liter/100 km.

▶ **Bauzeit/Stückzahl**

1964-73, ca. 2 978 150 Exemplare aller Baureihen.

1970

Chevrolet Corvette Stingray 454

Fette Beute

▶ *Wenn man fast siebeneinhalb Liter Hubraum in eine so dünne Kunststoffhülle verpackt, dass das Leistungsgewicht knapp unter vier Kilogramm pro PS bleibt, verspricht der Tritt aufs Gaspedal zu einem besonderen Erlebnis zu werden. Zum 50-jährigen Jubiläum des All American Sports Car war Motor Klassik mit der fettesten Variante der Corvette unterwegs: einer offenen, 390 PS starken Stingray 454 von 1970.*

▶ Ein Understatement-Auto war die Corvette nie, die Corvette Stingray des Baujahres 1970 bildet da keine Ausnahme. Und in ihrer offenen Version ist sie erstrecht kein Fall für Publikumscheue.

Der Start ist ganz unspektakulär. Ein kleiner Dreh an einem zierlichen Schlüssel, ein wenig Druck aufs Gaspedal. Irgendwo weit vorn unter der Haube wummert der Big Block los. Gleich darauf brabbelt er mit knapp 600 Umdrehungen im Leerlauf mit der ungleichmäßigen Melodie seiner eigenwilligen Zündfolge.

Harmlos klingt er dabei, gar nicht so viel anders als andere US-Achtzylinder, die vielleicht zwei Drittel des Hubraums und höchstens die halbe Leistung des Big Blocks haben. Quartettspieler der frühen siebziger Jahre – mithin also auch mich – beeindruckte die Corvette mit 7439 cm³ Hubraum und 425 bis 465 PS, je nach Quartett. Die Corvette in meinem war auch offen und gelb, und sie ließ Ferrari 365 GTB/4 und Lamborghini Miura in der Wertschätzung sinken. Denn gegen die Amerikanerin hatten die beiden Italiener nur in den Kriterien »U/min« und »Höchstgeschwindigkeit« eine Chance. Erst der Test von Fritz Reuter in *auto motor und sport*, Ausgabe 22 von 1974, rückte die Sportwagenwelt für Zwölfjährige

wieder ins Lot. Gerade mal 270 DIN-PS hatte die getüvte und entgiftete BigBlock-Corvette, sie lief 222 km/h schnell und brauchte bis zur Hunderter-Marke 7,5 Sekunden. Aber es war eben eine 74er mit Polyurethan-Schnauze statt Chromstoßstange und abgerundetem Heck statt Kamm-Kante.

Ab 1972 begannen die Abgas- und Sicherheitsbestimmungen in den USA der Stingray nach und nach sämtliche Zähne zu ziehen. Wahre Tiefpunkte der Corvette-Geschichte waren dann die Modelle ab Baujahr 75, die – durch noch mehr Plastikanbauten an Bug und Heck verunstaltet – mit gerade mal 190 DIN-PS in der Basisversion durch die Gegend rollten. Der Big-Block-Motor entfiel.

So gesehen ist der Jahrgang 1970 für eine Fahrerprobung genau richtig. Mit den zierlichen Chrombügeln an Front und Heck und der noch ungestört fließenden Linie ist er dem Prototypen Mako Shark II von 1965, der das Designvorbild für die von 1968 bis 1982 gebaute Corvette-Baureihe C3 war, noch am ähnlichsten. Und ihr

Historie

▶ **1953**
Erste Modellgeneration wird vorgestellt, vorerst mit Sechszylinder.

▶ **1956**
Erstes Facelift. Die Corvette wird nur noch mit Achtzylindermotoren angeboten.

▶ **1958**
Erneutes Facelift mit weit gehend neuer Karosserie.

▶ **1963**
Zweite Generation wird unter dem Namen Stingray präsentiert.

▶ **1968**
Dritte Generation erscheint mit komplett neuem Design, angelehnt an den Prototypen Mako Shark II.

▶ **1973**
Facelift mit neuer Front.

▶ **1974**
Heck wird überarbeitet.

▶ **1975**
Cabrio wird eingestellt.

▶ **1978**
Letzte Version der C3-Reihe mit Glas-Heckklappe.

▶ **1984**
Komplett neues Modell mit modernerem Fahrwerk und neuer Karosserie erscheint.

▶ **1997**
Fünfte Corvette-Generation geht in Produktion.

▶ **2002**
GT-Klassensieg in Le Mans. Zum 50-jährigen Jubiläum 2003 erscheint ein Sondermodell.

7,4 Liter großes Triebwerk leistet zwar bei weitem keine 465 PS, aber im Fahrzeugbrief sind veritable 287 deutsche DIN-Kilowatt – also 390 PS – bei 4100 Touren vermerkt.

Doch die Begeisterung war gar nicht so groß, als Chevrolet 1968 die Nachfolgerin der seit 1963 gebauten Corvette Stingray präsentierte. Die Tester der amerikanischen Fachblätter störten sich weniger an der fast unverändert vom Vorgänger übernommenen Technik. Die Form war es, die ihr Missfallen erregte. Auch die miserable Verarbeitungsqualität der ersten Serienfahrzeuge ärgerte die Fachjournalisten. Ein Tester von *Car and Driver* befand die neue Corvette gar als »zu wenig fertig, um einem Straßentest unterzogen zu werden«.

Abfallende Teile, nicht funktionierende Bedienungshebel oder klemmende Schlösser sind bei unserer 70er-Vette nicht zu beklagen, obwohl sie schon 32 Jahre alt ist. Immerhin wurde sie sorgfältig überarbeitet, Fahrwerk und Antrieb aufwendig überholt. Nur der Innenraum blieb im bemerkenswert gut erhaltenen Originalzustand. Vielleicht kann man gerade deswegen die zeitgenössische Kritik an billigem Plastik im Cockpit und dem jämmerlichen Platzangebot in dem fast fünf Meter langen Sportwagen so mühelos nachvollziehen.

Das Platznehmen fällt dann doch nicht ganz so schwer

▶ **Aus der Vogelperspektive wird deutlich, warum das Auto auch Coke Bottle heißt.**

wie erwartet. Trotz der um 18 Zentimeter gewachsenen Gesamtlänge blieb der Radstand mit spärlichen 2489 Millimeter, und damit das Platzangebot, unverändert. Doch das nicht originale, kleinere Lenkrad und der größere Verstellbereich der Sitzlehne ermöglichen eine deutlich kommodere Fahrhaltung als beispielsweise in einer 63er Stingray.

Heute verklären 30 Jahre und viele Runden Autoquartett unter der Schulbank den Blick auf das schmucklose Instrumentarium und die scheinbar wahllos im Cockpit verstreuten Bedienknöpfe: Der Lichtschalter versteckt sich irgendwo links, für die Scheibenwischer ist ein mittig angebrachter Knopf zuständig, und die Klimaanlage will an der Mittelkonsole bedient werden.

Das Wichtigste ist allerdings da, wo es hingehört. Die linke Hand fällt wie von selbst auf den kurzen Schalthebel, den eine Kugel vom Format eines polierten Baseballs krönt. Auch die Kupplung lässt sich finden. Nur das mit dem Betätigen ist nicht so einfach. Sie wehrt sich fast so beharrlich gegen das Ausrücken wie die eines alten Ferrari. Der erste Gang rastet knochig ein, Gas geben ist fast

▶ Der 7,4 Liter mächtige Achtzylinder leistet nach DIN 390 PS – genug für 1500 Kilogramm Corvette-Technik, Fahrwerk und Karosserie. Im Radhaus sitzen 255er im 15-Zoll-Format, und der Pilot vor einem beeindruckenden Uhrensammlung. Nur das kleine Lederlenkrad ist im Corvette-Cockpit nicht original.

▶ Der Schub der Corvette ist auch nach heutigen Maßstäben beeindruckend. Doch trotz fast fünf Metern Gesamtlänge geht es im Innenraum recht eng zu.

▶ **Das Heck mit der Abrisskante fiel ab 1974 den amerikanischen Gesetzen zum Opfer.**

▶ **Ohne Zweifel Corvette: Heckpartie der C3-Generation**

▶ **Die Scheinwerfer werden per Unterdruck angehoben.**

überflüssig. Mit nur leicht erhöhter Leerlaufdrehzahl rollt die Corvette los. Die servounterstützte Lenkung geht spielerisch leicht. Allerdings braucht man fürs Ausparken das Feingefühl und den Überblick eines Tankerkapitäns. Die spitze Schnauze entzieht sich den Blicken. Man sieht nur rechts und links die riesigen Ausbeulungen der Kotflügel, und die Straße scheint zehn Meter weiter vorn unter dem Auto zu verschwinden.

Einmal in Fahrt beginnt die Corvette den Asphalt aufzufressen. Immer schneller verschwindet das graue Band zwischen den leuchtend gelben Wänden rechts und

▶ **Amerikanische Klassiker unter sich: Der Corvette wird von einer Fairchild von 1937 verfolgt.**

links der Motorhaube. So ähnlich müssten sich Bobpiloten fühlen, wenn die Eiskanäle gelb wären. Auch der Schub des Motors erinnert an die Gnadenlosigkeit der Erdanziehung, wenn man sich ihr auf schmalen Stahlkufen in einer steilen Eisrinne aussetzt. Schon bei 30 Meilen auf dem Tacho wird in den vierten Gang geschaltet, ohne dass der Vorwärtsdrang merklich nachlässt. Der Auspuffton wird lauter, bleibt aber recht erstaunlich dezent.

Stefan von Harten, Inhaber des Corvette-Centers Mörfelden und Besitzer der 454er, widerstand der Versuchung, seinem gelben Schmuckstück ein Brüllrohr zu verpassen. Er liebt es kultivierter. Das war in Corvette-Kreisen nicht immer üblich. »Früher«, so erzählt er gegen den Fahrtwind bei 50 Meilen pro Stunde, »war die Szene etwas anrüchig. Das hat sich geändert, viele Kunden von heute sind Sportwagensammler, die ein paar Porsche und Ferrari und eben auch eine originale Corvette haben.«

Man kann die Sammler verstehen, denn gerade die 454er-Version ist ein reizvolles Kontrastprogramm zu den zeitgenössischen europäischen Sportlern. Die Corvette macht gelassen. Sie bummelt gemütlich vor sich hin, teilt ab und zu ein paar Stöße mit der blattgefederten Hinterhand aus und sonnt sich in den Blicken der meist hektisch vorbeieilenden Autofahrer.

Keiner davon ist abfällig, eine originale, unverbastelte Corvette wird freundlich aufgenommen. Dass ein gutes Cabrio des Baujahrs 1970 durchaus mal 35 000 Euro kosten darf, sieht man ihr nicht unbedingt an. Ein Understatement-Auto ist sie deswegen noch lange nicht. Und in der offenen Ausführung schon gar kein Fall für Publikumsscheue.

Man hat ihr damals vorgeworfen, dass sie ein Showauto sei. Ein Hingucker zwar, aber »in den Fahreigenschaften nicht ganz auf dem hohen Niveau europäischer Sportwagen«, wie Fritz Reuter in *auto motor und sport* notierte. Das mag man ihr heute nicht mehr nachsagen. Schließlich kann eine Sieben-Liter-Corvette bei Bedarf immer noch ganz schön schnell um die Ecken pfeilen, wenn der Fahrer mit der superdirekten, aber gefühllosen Lenkung den richtigen Radius erwischt. Und sie kann immer noch – je nach Talent des Piloten – Hinterreifen oder Kupplung in Rauch aufgehen lassen.

Ein weich gespülter Sportwagen ist die 70er-Corvette wahrlich nicht. Immerhin erreichte eine 390 PS starke 454 im *Road & Track*-Test von 1970 eine Höchstgeschwindigkeit von 231 km/h, beschleunigte in sieben Sekunden auf 60 Meilen und absolvierte den klassischen amerikanischen Dragster-Test über die Viertelmeile in 15 Sekunden.

Die Bremsen werden mit dem Alltagsverkehr gut fertig. Auch die Wassertemperatur bleibt trotz der hohen Außentemperaturen im grünen Bereich. Schließlich hat Stefan von Harten seine Corvette mit einem leistungsfähigeren Kühlernetz und einem elektrischen Ventilator bestückt.

Nicht nur deshalb gebe ich sie ungern wieder her. Corvette fahren ist gefährlich, denn es macht süchtig. Süchtig nach Drehmoment, Sound und süchtig nach diesem Touch gelassener amerikanischer Lebensart, den dieses Auto vermittelt.

So wie dieses Exemplar ist sie genau richtig: gelb, offen, mit dem Big-Block-Motor und Schaltgetriebe. Leider ist

▶ **Hinter dieser Klappe verbirgt sich ein nur 68 Liter fassender Tank.**

sie so gut wie verkauft. Es muss noch mehr Quartettspieler geben in diesem Land.

Text: Heinrich Lingner
Fotos: Achim Hartmann

Daten & Fakten Chevrolet Corvette Stingray 454

▶ **Motor**

Achtzylinder-V-Motor, Winkel 90 Grad, 7439 cm³, Bohrung x Hub 108,0 x 101,6 mm, 287 kW (390 PS) bei 4100/min, max. Drehmoment 52,2 mkg (512 Nm) bei 2800 min, vierfach gelagerte Kurbelwelle, eine zentrale Nockenwelle, Hydrostößel, ein Vierfach-Fallstromvergaser.

▶ **Kraftübertragung**

Hinterradantrieb, mechanisches Vierganggetriebe, auf Wunsch Dreigang-Automatikgetriebe Turbo-Hydramatic.

▶ **Karosserie/Fahrwerk**

Kastenrahmen aus Stahl mit aufgesetzter Kunststoff-Karosserie, vorn Einzelradaufhängung an Querlenkern, Schraubenfedern und Stabilisator, hinten Einzelradaufhängung an Quer- und Längslenkern mit Querblattfedern, Teleskopdämpfer rundum, Scheibenbremsen rundum, Reifengröße 255/70 HR 15.

▶ **Maße/Gewicht**

Länge/Radstand 4705/2489 mm, Breite/Höhe 1755/1220 mm, Leergewicht 1500 kg, Tankinhalt 68 Liter.

▶ **Fahrleistungen/Verbrauch**

(*Road & Track, 1970*) 0 bis 60 mph (96 km/h) 7,0 s, Viertelmeile mit stehendem Start 15,0 s, Höchstgeschwindigkeit 231 km/h, Verbrauch 26 Liter/100 km.

▶ **Bauzeit/Stückzahl**

Modelljahr 1970, 17 316 Exemplare, davon 10 668 Cabrios und 6648 T-Top Coupés, 4473 mit 7,3-Liter-Motor.

Anhang

Dichtung und Wahrheit

▶ *Was ist dran an den Vorurteilen und Stammtischweisheiten über amerikanische Klassiker? Motor Klassik trennte Dichtung und Wahrheit mit anerkannter Experten und liefert ein Stück Lebenshilfe für angehende US-Car-Freunde.*

▶ Setzen Fahrzeuge in den Vereinigten Staaten
weniger Rost an? Ja – sofern sie vorwiegend in
den heißen Wüstengebieten gelaufen sind.

Die Szene der US-Klassiker ist in Deutschland unterentwickelt.

»Das stimmt definitiv nicht«, betont Maik Hirschfeld, Präsident des Dachverbands US-Fahrzeugclubs Deutschland e. V (D.U.S.), dem allein 40 Clubs angehören.

Wenn es Veranstaltungen mit über 1000 beteiligten Fahrzeugen gibt, darf nicht von einer unterentwickelten Szene die Rede sein. »Man kann höchstens sagen, dass sich die US-Car-Szene etwas abseits der üblichen Oldtimervereinigungen entwickelt hat und es noch an Brücken zu den etablierten Klassiker-Clubs fehlt« so Hirschfeld. Ein Mangel an Händlern und Ersatzteillieferanten herrscht auch nicht, dazu genügt ein Blick in die Kleinanzeigenteile der Fachzeitschriften.

Einen Ami-Oldie kauft man am besten direkt vor Ort in den USA.

»Diese Zeiten sind vorbei« sagt Toni Spiegelsberger von der Firma Tonis-Oldies in Rosenheim, der seit mehr als 20 Jahren mit der Ami-Szene vertraut ist. Die Ära der Schnäppchen ist so gut wie gelaufen, ein Import lohnt sich kaum noch. Wer in den USA ein nach 1950 gebautes Fahrzeug kauft, muss Einfuhrzoll zahlen. Hinzu kommen Einfuhrumsatzsteuer und Frachtkosten, sodass letztendlich etwa 30 Prozent zum Kaufpreis hinzuaddiert werden müssen. Nur wer ein ganz spezielles Modell sucht, sollte sich in Amerika umschauen. Aber für gute Ware haben die Preise dort mittlerweile schon das Niveau in unseren Breitengraden überschritten. Ergiebige Märkte in Europa sind die Schweiz, Schweden oder Dänemark.

Bei einem US-Klassiker bekommt man sehr viel Auto fürs Geld.

Das ist richtig, nicht nur in Anbetracht des Gewichts und der Größe der Fahrzeuge, sondern in Bezug auf die Ausstattung. Je nach Modell und seinem damaligen Stellenwert kommt man in den Genuss angenehmer Dinge wie beispielsweise Servolenkung, elektrisch betätigter Fensterheber und Außenspiegel, Klimaanlage oder einer elektrischen Gepäckraumverriegelung. »Selbst die amerikanischen Brot-und-Butter-Autos der 50er und 60er Jahre sind schon komfortabel ausgerüstet«, hebt Maik Hirschfeld hervor.

Ami-Klassiker taugen eigentlich nur zum gelassenen Cruisen.

Abgesehen von Vorkriegsmodellen, die sich im Vergleich zu zeitgenössischen europäischen Typen sehr gut fahren lassen, gilt für die Ami-Klassiker der 50er und 60er Jahre »dass es keine Rennwagen sind«, wie Toni Spiegelsberger dezent formuliert.

Die Autos sind betont auf komfortables Fahren ausgelegt, und wer das Gaspedal längere Zeit voll durchdrückt, heizt die vergleichsweise geringe Motorölmenge sehr schnell auf. Mit Hilfe eines Ölkühlers lassen sich die thermischen Probleme meistern, hohe Dauerdrehzahlen sind mit Rücksicht auf die Motorlager dennoch zu vermeiden. Um die Fahreigenschaften zu verbessern »gibt es jede Menge Zubehör«, weiß US-Car-Spezialist Jens Borgmann von der Firma Route 66 in Hamburg. So lassen sich mit Gürtelreifen, Bilstein-Stoßdämpfern, härteren Federn oder Stabis erstaunliche Ergebnisse erzielen.

Die anspruchslose Technik der US-Automobile ist unverwüstlich.

Das trifft im Prinzip zu. »Es kommt aber darauf an, wie

▶ **Einen Ami kauft man am besten direkt vor Ort?**
»Die Zeiten sind vorbei«, weiß der Experte.

man mit dem Auto umgeht«, erklärt Jens Borgmann. Für längere Vollgasetappen oder stramm angegangene Bergtouren sind die Motoren nicht ausgelegt. Außerdem glauben viele Besitzer, die Pflege der Technik vollkommen vernachlässigen zu können aber das schmälert natürlich die Lebensdauer jeder noch so simplen Konstruktion. Ansonsten lassen sich mit den Achtzylinder-Motoren utopische Laufleistungen von deutlich über 500 000 Kilometern erzielen.

Aus den Vereinigten Staaten importierte Fahrzeuge haben meist wenig Rost.

Das ist eine unhaltbare Verallgemeinerung. »Ein Auto von der Ostküste kann rostiger sein als eines aus Deutschland«, warnt Toni Spiegelsberger. »Eine gute Substanz haben die Exemplare aus den Wüstenstaaten«, sagt Jens Borgmann, »aber nur, wenn sie wirklich auch immer dort gelaufen sind« schränkt Spiegelsberger ein.

Klassiker aus Amerika kosten jede Menge Kraftfahrzeugsteuer.

Das stimmt nicht. Fahrzeuge, die 30 Jahre und älter sind, können mit einem H-Kennzeichen zugelassen werden und »kosten genau so viel Steuern wie ein Goggomobil, nämlich 191,73 Euro im Jahr«, so Toni Spiegelsberger. Für jüngere Klassiker bietet die Firma KuRaTec in Knitt-

▶ Großvolumige Achtzylinder-Triebwerke schaffen in der Regel problemlos geradezu astronomische Laufleistungen.

▶ Wer einen Straßenkreuzer fährt, braucht nicht unbedingt eine eigene Tankstelle – es sei denn, er tritt das Gaspedal ständig bis zum Bodenblech durch.

lingen nördlich von Pforzheim nachrüstbare G-Kat-Anlagen ab 1550 Euro zuzüglich Einbaukosten, die um 500 Euro variieren. »Damit lassen sich die Steuern ungefähr halbieren«, sagt Firmenchef Ralf Kugele. Und »das schaffen wir auch bei den ab 1985 gebauten Modellen.« Diese rutschen nach dem Umrüsten von Schadstoffklasse E 1 in die günstigere E 2. So kostet ein 75er Pontiac Firebird mit 5,8-Liter-Motor mit G-Kat nur noch 629 statt 1471 Euro an Steuern pro Jahr.

Ob eine Umrüstung lohnt, ist für besonders Umweltbewusste keine Frage, für andere Interessenten ist es eine knallharte Rechnung: Die eingesparten Steuern bis zur möglichen Zulassung mit H-Kennzeichen müssen höher liegen als die Kosten für den G-Kat.

Amerikanische Klassiker sind hemmungslose Spritschlucker.

Dieses Pauschalurteil ist schlichtweg falsch, behauptet US-Car-Experte Maik Hirschfeld. Man kann nicht den Verbrauch eines großvolumigen Achtzylinders mit dem eines Vierzylinder-Opel-Motors vergleichen, sondern mit einem europäischen Triebwerk von ähnlichem For-

▶ Kein Fall für Hinterhof-Stümper: Trotz robuster Technik erfordern diffizile Einstell- und Abstimmungsarbeiten nach kundigen Händen.

mat. So verbrauchte seinerzeit ein Mercedes-Benz 300 SEL 6.3 im Test von *auto motor und sport* 22,1 Liter, während ein etwas potenterer Pontiac GTO auf 23,7 Liter kam. Da ein Oldie heute etwas zurückhaltender bewegt wird als damals im harten Testalltag, »kommt man mit 12 bis 16 Liter Normalbenzin auf 100 Kilometer aus. Bei Exemplaren mit Drei- oder Vierfachvergaser ist es etwas mehr«, meint Toni Spiegelsberger. Voraussetzung sind aber ein sauberer Luftfilter und ein korrekt justierter Vergaser.

Die Ersatzteilversorgung für Ami-Klassiker ist problemlos, und die Teile sind generell billig.

»Das ist im Prinzip richtig«, bestätigt Jens Borgmann. Die meisten Teile lassen sich überraschend schnell und günstig beschaffen. Für einen 50er Chevy kosten zwei Rücklichtgläser knapp 40 Euro, wo kriegt man das noch?« lautet sein Statement.

Das Beschaffen von Technikteilen geht meist problemlos über die Bühne, und für die gängigsten US-Klassiker gibt es auch Blechteile. Schwieriger gestaltet sich der Ersatz für bestimmte Gummidichtungen oder Chromteile seltenerer Modelle. Es gibt aber auch zahlreiche Billigangebote von Nachproduktionen diesseits und jenseits des Großen Teichs, die nicht immer von guter Qualität sind. Der Erfahrungsaustausch unter den Clubmitgliedern bewahrt vor manchem Reinfall.

Ami-Klassiker können in jeder Hinterhof-Werkstatt gewartet werden.

Diese These ist nur teilweise richtig. Zumindest muss die Werkstatt über Zollwerkzeug verfügen. Die Technik der Ami-Autos ist zwar simpel, doch nicht jeder kann Trommelbremsen korrekt einstellen, verfügt über die nötigen Einstelldaten von Motor und Vergaser oder kennt sich mit den Automatikgetrieben aus. Für das I-Tüpfelchen beim Service bedarf es meist doch eines Spezialisten.